法比佐‧普瑟拉 FABRIZIO BUCELLA   著

社團法人台灣侍酒師協會　譯

15堂課

100道 練習題

侍酒師的

MON COURS D'ACCORDS METS & VINS

餐酒搭配練習課

所有組合

紅酒、白酒、粉紅酒

10週 速成練習

也包含啤酒、威士忌、琴酒、伏特加

積木文化

侍酒師的餐酒搭配練習課

酒學教授以圖解規劃 10 週、15 堂課、100 道練習，讓你自學成為葡萄酒、啤酒與烈酒的料理搭配專家

原 著 書 名 / Mon cours d'accords mets et vins - En 10 semaines chrono
作　　　者 / 法比佐・普瑟拉（Fabrizio Bucella）
譯　　　者 / 社團法人台灣侍酒師協會
特 約 編 輯 / 陳錦輝

總　編　輯 / 王秀婷
責 任 編 輯 / 王秀婷
編 輯 助 理 / 梁容禎
版　　　權 / 徐昉驊
行 銷 業 務 / 黃明雪、林佳穎

發　行　人 / 涂玉雲
出　　　版 / 積木文化
　　　　　104 台北市民生東路二段 141 號 5 樓
　　　　　官方部落格：http://cubepress.com.tw/
　　　　　電話：(02) 2500-7696 | 傳真：(02) 2500-1953
　　　　　讀者服務信箱：service_cube@hmg.com.tw
發　　　行 / 英屬蓋曼群島商家庭傳媒股份有限公司城邦分公司
　　　　　台北市民生東路二段 141 號 11 樓
　　　　　讀者服務專線：(02)25007718-9 | 24 小時傳真專線：(02)25001990-1
　　　　　服務時間：週一至週五上午 09:30-12:00、下午 13:30-17:00
　　　　　郵撥：19863813 | 戶名：書虫股份有限公司
　　　　　網站：城邦讀書花園 | 網址：www.cite.com.tw
香港發行所 / 城邦（香港）出版集團有限公司
　　　　　香港灣仔駱克道 193 號東超商業中心 1 樓
　　　　　電話：852-25086231 | 傳真：852-25789337
　　　　　電子信箱：hkcite@biznetvigator.com
馬新發行所 / 城邦（馬新）出版集團 Cite (M) Sdn Bhd
　　　　　41, Jalan Radin Anum, Bandar Baru Sri Petaling,
　　　　　57000 Kuala Lumpur, Malaysia.
　　　　　電話：603-90578822 | 傳真：603-90576622
　　　　　email: cite@cite.com.my

封 面 設 計 / 陳春惠
內 頁 排 版 / 薛美惠
製 版 印 刷 / 上晴彩色印刷製版有限公司

Originally published in France as:
Mon cours d'accords mets et vins - En 10 semaines chrono by Fabrizio BUCELLA
© Dunod, 2019, Malakoff
Traditional Chinese language translation rights arranged through The Grayhawk Agency, Taiwan.

2021 年 4 月 15 日初版一刷
售價 599 元
ISBN 978-986-459-274-6

國家圖書館出版品預行編目（CIP）資料

侍酒師的餐酒搭配練習課 / 法比佐 . 普瑟拉
(Fabrizio Bucella) 作 ; 台灣侍酒師協會譯 . -- 初版 .
-- 臺北市 : 積木文化出版 : 英屬蓋曼群島商家庭
傳媒股份有限公司城邦分公司發行 , 2021.04
　　面 ;　　公分
譯自 : Mon cours d'accords mets et vins - En 10
semaines chrono
ISBN 978-986-459-274-6(平裝)

1. 葡萄酒 2. 品酒

463.814　　　　　　　　　　　　110002954

前　言

現在在讀者你手中的這門課，是當初我開始學習葡萄酒工藝時很希望擁有的。會出版此書有兩個原因，第一個與本書主題相關，來自我在葡萄酒教學的動力。關於這點，當我詢問學生時，他們大部分都想知道葡萄酒餐搭的奧妙，打造出一把成功的餐搭之鑰是很多人夢寐以求的。品飲時他們也會主動問我，哪種菜餚搭配品飲的葡萄酒款會有好的結果。

教授本人變得像在快問快答，但也都有豐富的解說。直截了當地給出說教式的答案不是我喜歡的，因為學生不會學到任何東西。「普羅旺斯燉菜？試試看紅酒，酒中的單寧會使口中變得乾澀，和醬汁能有漂亮的平衡。」如果這句話對你來說還是有種神秘感，讀完本書的第二章後應該就不會這樣了。

我們接著來到第二個原因，也是本書的驕傲之處，這本書的內容不會給你什麼禁令或是誡律。它能幫助你了解葡萄酒的架構以及如何從中選取適合餐搭的部分，本書不會告訴你什麼該搭什麼，但會解釋這些餐搭是如何運作的。透過這樣的觀點，無論是什麼樣的酒或什麼樣的菜餚，你都能知道該如何搭配。

最後讓我們談談本書關於餐搭的特別之處，第一個部分是從葡萄酒講起——對侍酒師來說很正常吧，你肯定會這樣跟我說——然後突破這樣的餐搭界線，來到蒸餾烈酒與啤酒的世界。

本書也因此細分為四個章節：

- 白酒
- 紅酒
- 其他葡萄酒（甜酒、氣泡酒、粉紅酒）
- 啤酒與蒸餾烈酒

第二個獨創之處是圖表。長期的教學經驗下來，象限圖尤其是這個特別之處中我最常使用的表現方式。這是一種全新的教材，能以簡單的圖表表現出餐搭的幾個主要特性。我希望這種對我的學生有用的方法一樣能幫到你。

第三個獨特之處，是鼓勵大家以團體的方式學習，不論是和家人或朋友。可以把本書視為分成好幾個下午或晚上的桌遊、未來幾頓佳餚的主題靈感來源。

在課堂和習題之間，你會發現所有關於酒與美食的餐搭可能，它們就像一扇玄關的大門，引領你更細膩地了解自己的口味喜好。「Gnothi seauton」（認識你自己）刻在德爾非（Delphi）的阿波羅神殿入口，這則蘇格拉底的格言特別適用在這個專業領域。

來自同一作者

想了解葡萄酒的其他面向，你也可以參考本作者的另外兩本著作：

L'Antiguide du vin, ce que les autres livres ne vous disent pas

Pourquoi boit-on du vin? Une enquête insolite et palpitante du Pr. Fabrizio Bucella

若你希望詢問作者或是留下你對本書的意見，可以寫信到fabrizio@interwd.be繼續討論。

特別感謝

本書要特別感謝讓我每天有所成長的全體學生，以及Inter Wine & Dine葡萄酒工藝學校的團隊（以下不依序），特別是：Arnaud，幫我重看一大部分的手寫稿；Harold，受大家喜愛的教授；Bernard還有他的薄酒萊；Christine幫我修正了所有拗口之處；Gilles帳目管理者；Adrien在澳洲流亡；Clotilde只用奧弗烈涅方言批評；Félix在影片時期指導我；Pol和他的照相機；Valentin主席選舉；Martin和RWDM；Sofian電聯車萬歲；Léna推特冠軍……還有我的父母。本書也要獻給我的同事兼好友Didier Raymaekers。十五年前，我們在一群困惑但充滿熱情的學生面前展開了圖表式餐搭教學。**Last but not least最後但不是最終**，就像我們在布魯塞爾說的，這是一本集結全體而完成的出版品。Dunod出版社的團隊成功地把一名教授的天馬行空化成大家輕易能理解的著作。感謝Ronite和Florian以笑容支持我，謝謝Manon帶來超棒的插畫，謝謝Holus Pokus盡善盡美的編輯。

Fabrizio Bucella 教授

學習大綱

在十週（甚至九週）的課程中成為一位餐酒搭配專家

如何使用本書課程？

這些課程的設計是按照學習邏輯性規劃的。

第一章介紹**白葡萄酒**，藉由討論酸度、酒精和平衡的概念，並在之後的章節中繼續使用。它們有利於理解從簡單的搭配到複雜的搭配。藉由象限圖表解析。課程5總結了所有可以與白葡萄酒搭配的狀況，其中包含許多練習題。第一章以驚奇的搭配結束，例如如何搭配白葡萄酒與起司。

第二章介紹**紅葡萄酒**，我們要學習單寧及其特徵來做搭配，課程10包含所有與紅葡萄酒搭配的可能性，以及許多練習題。

學習到這個階段，你已經掌握了搭配的科學原理，可以拿來驗證**第三章**介紹的**其他類型葡萄酒**：甜酒、氣泡酒及粉紅葡萄酒。也可以繼續運用在**第四章啤酒和烈酒**中。

傳統學習法

藉由**十週**的時間規劃，你依序從課程1研讀到課程6，這樣就完成白葡萄酒的部分；接下來再完成課程7至課程10的紅葡萄酒課程，你將理解白酒及紅酒的所有搭配可能性，以及搭配的原理，尤其是如何應用酒中的酸度、酒精及單寧。在課程5及課程10中，你會接觸到與不同料理及不同食材的搭配演練，透過幾週內的練習，將提升你餐酒搭配的熟悉度。

接下來可以按照個人的喜好，依序進入第三章學習其他葡萄酒的內容，並從中挑選個人最感興趣的課程——例如氣泡葡萄酒——來學習，這是你可以在研讀其他章節時同時進行的內容（當然建議你先看完白葡萄酒的章節）。第四章也是如此，可以直接挑你有興趣的部分學習。

交替學習法

如果必須以口頭方式進行這些課程，我會讓自己有更多的自由度來運用這本書的內容。藉由打破傳統學習的單調性讓你學習得更加輕鬆，學習的速度會更快，**九週內**就能學會！但是必須先掌握基本概念，你要按照書本順序學習，不過可將第五週及第十週的練習內容留到第九週再來學習，如同使用總和表格般的溫習，然後在接下來的日子裡不斷地練習，讓自己增進以及嘗試餐酒搭配的所有可能性。

最後，就像傳統學習法一樣，依據你個人喜好可以延伸學習第三章（甜酒、氣泡酒及粉紅酒）和第四章（啤酒和烈酒）。

要選擇哪一種方法？

你想快速地進步嗎？那就選擇第二種方式吧。提早一個星期完成課程以及避免在白酒卡關無法前進。要採取交替學習法時，你必須具備一些品飲的觀念；如果你是葡萄酒初學者，請採用傳統學習法！如此一來將不會在學習的過程中迷航。

你的十週課程規劃

另外，你也可以選擇
適合自己的額外課程

白酒的世界

這個章節提供了解白酒世界的關鍵,你將掌握酸度、酒精、平衡、糖份及服務溫度的基本觀念,如果已經熟悉這些概念,你可直接前往課程2藉由法國白酒地圖來了解不同白酒的特性。在第一章的最後,你將能藉由十字分布圖了解及應用搭配原則。這是本書的創新學習方式,藉此你可掌握白葡萄酒與所有菜餚的搭配關鍵。

合練習將成為你進入餐酒搭配的途徑,例如你想了解魔鬼蛋(Mimosas)這道料理,可以參考練習「蛋、沙拉及法式鹹派」,其中就敘述了這道菜的準備流程與要點。全部的練習題都符合由布里亞—薩瓦蘭(Jean-Anthelme Brillat-Savarin)1825年出版的美味饗宴《法國美食家談吃》(*Physiologie du goût*),本書被認為最能提升美食的藝術層次。

白葡萄酒的特性

所有的不甜型白葡萄酒都由兩個最主要成分組成：**酸度及酒精**，常理來說只要是酒就含有酒精。在這第一個課程裡我們將探索這兩個成分：先從酸度開始，接下來是酒精。

最後你可以將任何白酒放置在酸度及酒精的象限圖中，在剩下的課程裡，你將學習如何使用白葡萄酒中的酸度及酒精搭配菜餚。

首先要強調，這裡提到的**干型白葡萄酒**是指不含或殘留糖份極少而察覺不到的白葡萄酒。含有殘留糖份的葡萄酒（微甜型葡萄酒和甜型葡萄酒）將在第三章節中與其他酒類一起討論。

白葡萄酒裡的酸度？
醫生，你確定嗎？

是的，酸度對白葡萄酒來說是不可或缺的架構，等同於白葡萄酒中的骨架。要如何感受酸度呢？想像著一杯現榨檸檬汁，這就是一款很酸的飲品。實際上現榨檸檬汁是最酸的飲品之一（胃酸跟鹽酸其實更酸，但不是我們可以喝下去的……）。酸度指標的另一端是牛奶中的酸，即使牛奶一直含有酸度，但它仍是最不酸的飲品之一。

一則小知識：如果拿新鮮牛奶與優格來做比較，牛奶嘗起來一定比優格感覺更不酸。乳酸菌將乳糖轉化成乳酸使得優格變得更酸，進而使優格更容易保存。

那白葡萄酒中的酸度會如何展現呢？那是一種**口中的刺激感**：來自舌頭、兩頰內側及上顎。

葡萄酒中的酒精？
肯定的！

*毋需大驚小怪，葡萄酒中當然含有酒精，但重點是要能在味覺中感受充分地感受它。乙醇分子在口中**產生甜美、滑順以及灼熱感**。如果你不確定這樣的感覺是如何表現的，請想像一款酒精濃度高但是沒什麼香氣的飲品，例如白伏特加。在室溫狀況下飲用伏特加時，你口中會感受到酒精的甜味及灼熱（有時候是灼燒）。*

白葡萄酒的分類

就像我們在這堂課一開始提到的，不甜型白葡萄酒可以視為兩個構面所組成的產品：酸度與酒精。

在圖表中這兩項要素非常重要，它使你可以依據這兩個構面對全世界的白葡萄酒進行簡單的分類。為什麼要做餐酒搭配之前要先了解葡萄酒的結構呢？因為這在與餐點搭配互動中扮演著重要的角色，之後會再跟你解釋這些效果。

現在我們將集中討論這兩個構面，在這張圖表上，酸度與酒精的感受會互相影響抵消；如果對酒的感受是坐落在圖表中間，我們就稱之為**一款均衡的酒**。當一個構面的強度大於另一構面時，葡萄酒在圖表中坐落的位置就會往構面感受強的那一方向移動。如果一款酒的感覺比較酸，那它在圖表上的位置就會比均衡的位置更右邊一點，如果一款酒的酒精感覺比較強，位置則會比均衡的定位再高一點。你可以感覺到兩者之間是如何相互影響的；酒精可以降低酸度的感受，有點像在現榨檸檬汁中加糖可以降低酸度的刺激，而酒精則是從葡萄中的糖份轉化來的。

白葡萄酒的平衡

酸度　酒精

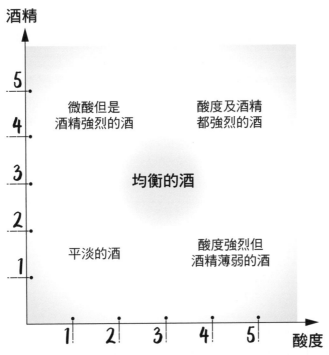

這些成分從何而來？

酸度一部分是來自葡萄本身，另一部分是來自發酵。葡萄酒中主要有六種酸度，前三種來自葡萄，依序是酒石酸、蘋果酸和檸檬酸。另外三種酸度則是來自發酵過程，分別是乙酸、頻果酸（或乳酸）和丁二酸。

乙醇來自成熟的葡萄，來自果肉中所含的糖份，另外要注意一件事，常見到有些葡萄酒農會在未發酵的葡萄汁中添加蔗糖（甜菜糖或食用糖），尤其是來自法國北部地區。一般而言，在地中海周圍的地區（胡西雍、隆格多克、普羅旺斯和科西嘉島）是禁止添加糖份到發酵前的葡萄汁中的。

請注意

食物與葡萄酒搭配的學習是建立在感官基礎上的，我們不會像在實驗室一樣解析葡萄酒中的組成物，而是挑戰藉由人的感受，將葡萄酒分類並正確的敘述它們。

溫度

溫度如何影響葡萄酒中酸度及酒精的感受？

在沒有改變葡萄酒成分時，每個人家中都有一種工具可以改變品飲葡萄酒時的感受，那就是冰箱。當葡萄酒溫度降低時，酸度的表現會增強，而酒精的感受會減少。讓我們記住這一點：**溫度的降低會增強硬度（指酸度）並降低圓潤度（指酒精）**。相反的，如果你加熱葡萄酒或是將葡萄酒放置於一般室內環境，酸度的表現會變弱而酒精的感受則會上升。在此我們可以記住：**提高葡萄酒的溫度會降低硬度（指酸度）並增加圓潤度（指酒精）**。這也是為什麼侍酒師會特別注意葡萄酒的品飲溫度。請注意，當葡萄酒溫度過低（低於5-6℃）時，會麻痺口中味蕾，並且使所有感官感受力都降低（酸度和酒精都會）。

摘　要

溫度越高越會增強人們對乙醇的感受，而溫度越低則會提高對酸度的感覺。

小竅門

當你喝不加糖的熱咖啡與冰咖啡時，冰咖啡喝起來會比熱咖啡感覺更酸！

如何知道葡萄酒的溫度？

這是有一些基準可以參考的，家中冰箱的溫度設置大約為5-6℃，室溫則約為21-22℃，因此放在室內的葡萄酒溫度就大概等同於室溫，擺放在冰箱中的葡萄酒就約略與冰箱溫度一樣。如果你想更準確的知道溫度，建議花點錢買支小溫度計，很容易在網路上或五金雜貨行買到，不建議使用那些看起來很漂亮而且價錢昂貴的「葡萄酒專用溫度計」。通常測量幾次之後，你就可以直接推論出葡萄酒瓶中的溫度了。

室溫

這個名詞出現在17世紀，應用在葡萄酒上則是在18世紀（Littré氏），當時歐洲的室溫約為15-16℃，現今因氣候暖化，故需空調才能達到這樣的溫度。現在指的葡萄酒室溫則應該視為更陰涼的地方，否則葡萄酒會達到現在室內居家真實溫度，通常都高於21℃。

清爽／灼熱

傳統上，侍酒師喜歡使用「清爽」一詞代表酸度的表現，使用「灼熱」表示酒精在口中的表現。在這過程裡，為了避免複雜化，我們更喜歡直接用酸度與酒精來敘述，如今它們也更常被拿來使用在敘述葡萄酒上，而不是用冷、熱兩個形容詞來混淆我們。

白葡萄酒的服務溫度

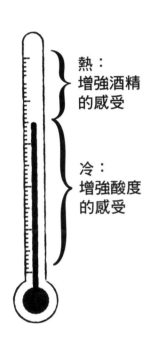

熱：
增強酒精
的感受

冷：
增強酸度
的感受

3-4℃

太冷：
我們什麼都
感受不到！

怎麼服務一款你覺得有點酸的葡萄酒呢？要降低葡萄酒溫度以供飲用，別忘了盡可能將酒放置在冰箱的下層（高一點的層架溫度也會高一點）以降低溫度，但是如果溫度低於5/6℃，將會很難感受到真正的酸度表現。

第一次對照

❶ 第一次比較是最明顯的，擠一顆檸檬汁不要加水，然後取一茶匙的份量來少量品嘗，你正在飲用最酸的飲品之一。臉都皺在一起了嗎？這很正常，身體會直接反映出刺激程度。
　■ 寫下你的感受。

❷ 現在加入與檸檬汁等量的水，攪拌均勻之後喝一茶匙的份量，你口中的感受如何呢？是不是更可以忍受了？
　■ 寫下你的感受。

❸ 最後在杯中加入半茶匙的糖（約莫2.5公克），攪拌均勻後再品嘗一茶匙的份量，是否更能接受？
　■ 寫下你的感受。

❹ 你覺得這三杯飲料中哪一杯最酸呢？你如何區別出酸度的差異？請把這三杯飲料畫在圖表裡你覺得適合的地方，這與之前的圖表一樣，只是把Y軸的酒精換成了糖。

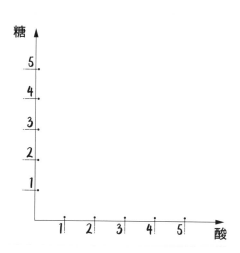

我的第一款白葡萄酒

你一定可以列舉一款很酸的白葡萄酒，要不然就跟你最喜歡的葡萄酒專賣店說你要一瓶最酸的酒。葡萄酒不必太貴，以酸度著稱的產區是來自大西洋羅亞爾河地區（Loire）的蜜思卡得（Muscadet）。品嘗一杯，你能夠區分出酸度在兩頰內側及舌頭上產生的刺痛感嗎？能感受出酒精造成的灼熱及營造出的質量感嗎？

■ 寫下你的感受。

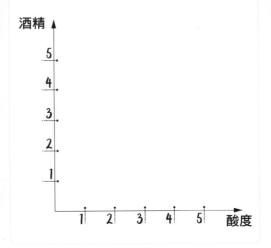

■ 把酒畫到上圖中適當的位置。

葡萄酒裡的糖？令人震驚！

❶ 上一個練習的白葡萄酒似乎太酸了嗎？來試試下一個實驗，將半瓶葡萄酒或是375 cc（相當於三杯酒）倒入一個容器裡，然後加入半茶匙的糖（2.5公克），均勻混合後再品嘗一次這款酒，現在這款酒對你來說酸度是否降低了？酒精的感覺是否增加了？
　■ 寫下你的感受。
　■ 把酒用另一個顏色標示，畫到上圖中適當的位置。

❷ 在同一張圖表上將你認識的不同白葡萄酒進行定位並進行比較。
哪些酒款是你比較喜歡的？
哪些酒款是你比較沒那麼喜歡的？
這個練習將會讓你對自己的口味更加了解。

深入探討

酸度／酒精的相對位置圖表對不甜型白葡萄酒的分類很重要，在課程裡的這個階段，在每次品飲時都應該在圖表上標示出葡萄酒位置。這很有用，藉此你將很快可以區別出一款葡萄酒酸度表現是否明顯或酒精感受是否強烈。■

冰箱，我的第一位盟友

從上一個練習剩下的白葡萄酒（未加糖的），分裝一部分後置入冰箱中兩小時，另一部分則放置於室溫環境下。最後收集一杯剛剛加糖過的白葡萄酒，也將它放置在室溫環境下。兩小時後，你會得到一杯冰涼的白葡萄酒，大約5-6℃；一杯同樣的白葡萄酒，但是溫度大約為21-22℃，以及一杯同樣溫度的甜白葡萄酒。嘗嘗看這三款酒，你覺得哪一款比較酸呢？哪一款讓你覺得酒精表現更強呢？你對甜白葡萄酒的感覺如何？目前你最喜歡哪一款？

■ 寫下你的感受。

5/6℃的酒	20-21℃的酒	20-21℃的含糖酒

■ 將三款酒標示在下圖中。

酒吧與咖啡館的提示

酒吧和咖啡館的冰箱通常是設定成2-3℃，店裡最簡單的白酒通常被認為比較不酸，也比礦泉水便宜。讓酒在杯中回溫大約十分鐘，會得到驚人的結果。■

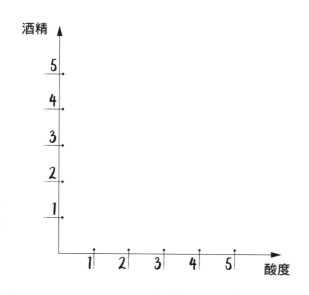

尋找平衡點

挑選一款白酒，來尋找最適合的溫度平衡點，這款酒最適合飲用的溫度應是：酸度（清爽）的感受不該蓋過一切，必須與酒精（灼熱）的表現保持平衡。

為此，請將一瓶已經冷卻過的葡萄酒慢慢回溫。

■記錄下你在從適飲溫度下到最後回溫的品飲感受。

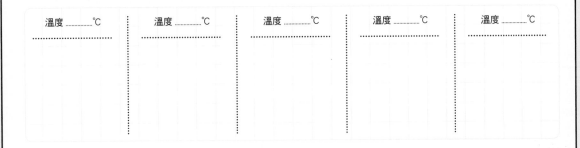

溫度 ＿＿＿ ℃	溫度 ＿＿＿ ℃	溫度 ＿＿＿ ℃	溫度 ＿＿＿ ℃	溫度 ＿＿＿ ℃

■在下圖中將以上的每一個溫度測試點進行分類。

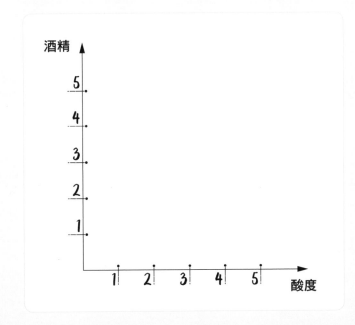

白葡萄酒地圖

酸度／酒精的平衡

我們在課程1已經知道如何在白葡萄酒中找到酸度及酒精之間的平衡。現在這個階段你應該能夠判斷葡萄酒中的其中一種感受是否大過另一個，這並不表示葡萄酒不平衡，**平衡感是達到你喜歡的感受**，口味是很主觀的，有些人喜歡酒精感高的葡萄酒，有些人則喜歡比較酸的。

平衡的演變

葡萄酒中的平衡某種程度上是一個主觀的想法，它會根據環境和季節的不斷地演變，也在葡萄酒生命週期中不斷地變化。你會發現原本感覺酸度平衡的葡萄酒，再過幾年後就缺少相同的酸度表現。同樣地，在陽光普照下的露臺或是準備起士鍋的火爐旁，你也會找到不一樣的平衡點。

法國干型白葡萄酒地圖

查看法國葡萄園的分布時，我們可以發現**酸度比較高的白葡萄酒都是偏北的產區，而酒精度最高的白葡萄酒是在南部產區**。幾乎從北緯45度這條線劃分出兩個區域，這條線經過波爾多（Bordeaux）和瓦朗斯（Valence）（同樣也經過義大利的杜林Turin、米蘭Milan和的里雅斯特Trieste）。

以**酸度**而聞名的區域：
— 阿爾薩斯（Alsace）
— 侏羅（Jura）
— 薩瓦（Savoie）
— 羅亞爾河
— 布根地（Bourgogne）
— 薄酒萊（Beaujolais）

以**酒精**感聞名的區域：
— 普羅旺斯（Provence）
— 南隆河谷地區（Vallée du Rhône, sud）
— 隆格多克（Languedoc）
— 胡西雍（Roussillon）
— 西南地區（Sud-Ouest）
— 科西嘉（Corse）

北緯45度線**穿越**的區域：
— 隆河谷地區（中和北，centre et nord）
— 波爾多

一些來自北方的較酸白葡萄酒	一些來自南方的酒精感較高白葡萄酒
蜜思卡得（Muscadet, 羅亞爾河） 松塞爾（Sancerre, 羅亞爾河） 麗絲玲（Riesling, 阿爾薩斯） 夏布利（Chablis, 布根地）	貝傑哈克（Bergerac, 西南產區） 隆格多克（Languedoc, 隆格多克） 隆河丘（Côtes-du-Rhône, 隆河） 巴替摩尼歐（Patrimonio, 科西嘉）

法國干型白葡萄酒地圖

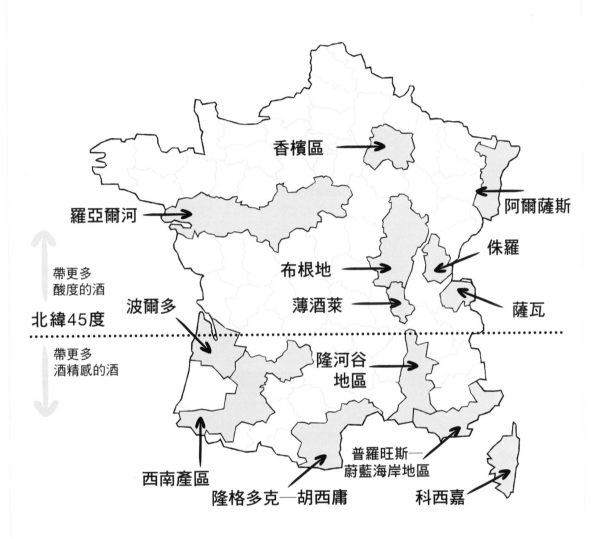

香檳區

阿爾薩斯

羅亞爾河

侏羅

帶更多
酸度的酒

布根地

薩瓦

北緯45度

波爾多

薄酒萊

⋯⋯⋯⋯⋯⋯⋯⋯⋯⋯⋯⋯⋯⋯⋯⋯⋯⋯⋯⋯⋯⋯⋯

帶更多
酒精感的酒

隆河谷
地區

西南產區

普羅旺斯—
蔚藍海岸地區

科西嘉

隆格多克—胡西庸

北緯45度發生了什麼事？

北緯45度平行氣候帶是最有利於葡萄種植的地區之一，在這氣候帶裡的葡萄酒產區通常是最著名的：波爾多（梅多克Médoc、玻美侯Pomerol和聖愛美濃Saint-émilion），隆河（艾米達吉Hermitage和教皇新堡Chateauneuf-du-pape）。北緯45度線穿越了義大利最著名的白酒區域，例如巴羅洛（Barolo）、威尼提耶（La Venetie）和弗里烏爾（le Frioul）。▪

產區在酸度 / 酒精座標圖上的位置

次頁圖是表示依照地區畫分的不甜型白葡萄酒的理論排列,這張圖為你提供了給各區域的平均表現,當然這只是一個概論,它也無法涵蓋或符合所有葡萄酒。在羅亞爾河可以找到比較熱情的葡萄酒(酒精感較強),就像在法國南部也可以找到比較清爽的葡萄酒(酸度比較明顯)一樣。將你所知道的葡萄酒和通則做比較,看看這些元素是否相符。

一些北方白葡萄酒酒產區卻富有酒精強度的例子	一些南方白葡萄酒產區卻擁有明顯酸度的例子
普依—富塞 （Pouilly-Fuisse, 布根地） 恭得里奧（Condrieu, 北隆河）	貝沙克—雷奧良 （Pessac-leognan, 波爾多） 利慕（Limoux, 隆格多克）

那香檳呢?

這是一個來自北方的葡萄酒產區,酸度本該很明顯;但是經由發泡過程及長時間與酵母殘渣的浸泡培養會減弱酸度的表現。此外在除渣之後,香檳可以添加封瓶前的利口酒讓酒更圓潤。不甜型香檳會甜嗎?也會有一點,不甜型香檳每公升最多可以包含12公克的糖份,或者是每750 cc包含9公克的糖。

關於香檳中的糖份

這些概念在*l'Antiguide du vin, ce que les autres livres ne vous disent pas* 這本書中有詳細介紹。(Dunod出版,與本書同樣作者)

酸度與葡萄品種

我們可以依據葡萄品種進行酸度分類嗎?從植物學的角度來看,答案是可以的。侯爾(Rolle, 或維門替諾Vermentino)是屬於低酸度的葡萄品種,夏多內(Chardonnay)是屬於比較酸的葡萄品種。另一方面侏羅的夏多內會比馬貢(Mâcon, 布根地)的夏多內更酸,也比利慕(隆格多克)的夏多內還要酸。

你有跟上嗎?

哪些葡萄品種通常比較酸?	哪些葡萄品種通常比較不酸?
蜜思卡得 白梢楠(Chenin) 夏多內 白蘇維濃(Sauvignon Blanc) 白于尼(Ugni blanc, 崔比亞諾 trebbiano)	格烏茲塔明那(Gewürztraminer) 馬姍(Marsanne) 胡姍(Roussanne) 榭密雍(Sémillon) 侯爾(維門替諾)

比例尺

我們在圖表中使用了五級刻度做區分,感官分析家認為新手品嘗者可以輕鬆地區分刺激感的五個強度等級,當我們要拿來做搭配時,這等級區分就可以派上用場。

酒精或糖?

在對應座標圖上,Y軸(有時稱為滑順度)是結合了酒精與糖的感受,這兩個元素平衡了葡萄酒中酸度的表現,有趣的是酒精是完全來自葡萄裡糖份的發酵。

產區在酸度／酒精的座標圖表

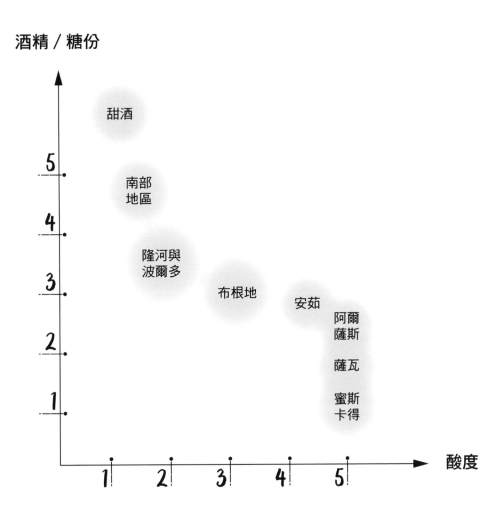

酒精／糖份

甜酒

5

南部
地區

4

隆河與
波爾多

3
布根地

安茹

阿爾
薩斯

2
薩瓦

蜜斯
卡得

1

1　2　3　4　5　酸度

從北方漫步到南方

❶ 取三款不同的白葡萄酒，第一款選用酸度較明顯的產區，例如蜜思卡得，你也可以使用開過的葡萄酒。第二款可能就挑來自波爾多產區的白葡萄酒（主要是白蘇維濃）或是來自隆河丘的白葡萄酒（馬姍或胡姍）。最後第三款葡萄酒可以來自法國南部，葡萄品種就不太是重點了，但如果可以找到侯爾（維門替諾）的話就太完美了。將這三款酒放置於10-14℃的溫度下，品嘗之後寫下你的感想。

■ 在圖中將不同的酒款進行分類。

哪一款酒是對你而言是最平衡的？這是主觀的觀點，建議找一位朋友和你一起做這個測驗，並在不相互影響的情況下記錄你與他的感受。

你的評估 ....

朋友的評估 ....

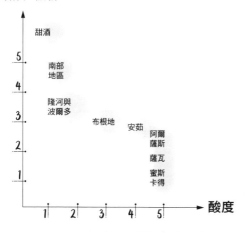

酒精 / 糖份

❷ 在酸度 / 酒精的座標圖上與法國葡萄酒產區的理論範圍進行比較。

■ 寫下你的感受。

❸ 再做一次測驗，在酒溫度更高和更低時品飲。哪一款酒讓你感到不平衡？現在那些特徵凸顯出來了？

■ 將酒對照左圖，寫下你的感受。

溫度較熱的酒 .... | 溫度較冷的酒 ....

一個地區，不同酒款

❶ 挑選來自同一地區的三款不同白葡萄酒，這個練習是
要感受同一地區不同產區／生產者葡萄酒的差異性（
酸度、酒精），例如來自布根地產區，可以比較夏布
利、伯恩丘（côte de Beaune）和普依—富塞產區的
酒款；在羅亞爾河可以挑選蜜思卡得、松塞爾和梧
雷（Vouvray）來比較；波爾多和西南產區可以一起
比較，挑選一款格拉夫（Grave）、一款優質波爾多
（Bordeaux-superieur）和一款貝傑哈克。將所挑選
的同地區三款酒置於10/14℃的相同溫度下，品飲它
們並寫下你的感想。

■ 將這三款酒在圖表中分類。

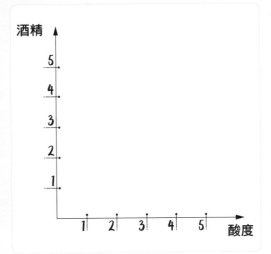

哪款酒對你來說比較均衡呢？這部分之前已經建議過，
請邀請一位朋友一起做測試，並在不相互影響的情況下
記錄下你與他的感受。

你的評估	朋友的評估

❷ 再做一次測驗，在酒溫度更高和更低時品鑑。哪一款酒讓你感到不平衡？現在哪些特徵凸顯出來了？

■ 寫下你的感受。

溫度較熱的酒	溫度較冷的酒

❸ 依你的看法，將下列布根地葡萄酒（全為夏多內）按照酸度高低的順序：

□ 夏布利　□ 伯恩　□ 普依—富塞　□ 馬沙內 Marsannay

來自其他地方的葡萄酒

❶ 截至目前的課程，你應該可以於品嘗葡萄酒之後在酸度／酒精座標圖上對葡萄酒進行定位排序。因此，請選擇三種不同的白葡萄酒，但不要挑法國葡萄酒，例如來自義大利、西班牙或新世界葡萄酒產區：可以來款澳洲的夏多內、紐西蘭或南非的白蘇維濃、西班牙魯埃達（Rueda）的維岱荷（Verdejo）或是來自義大利弗里烏爾的白酒，將三種白葡萄酒置於10-14℃的相同溫度。

■ 將這三款酒在圖表中分類。

■ 接下來品飲這三款酒並寫下你的感受，你覺得哪款酒比較平衡呢？這部分之前建議過，請邀請一位朋友一起做測試，並在不相互影響的情況下記錄下你與他的感受。

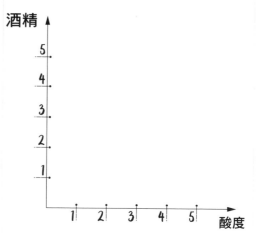

你的評估	朋友的評估

❷ 再做一次測驗，在酒溫度更高和更低時品鑑。哪一款酒讓你感到不平衡？現在哪些特徵凸顯出來了？

■ 寫下你的感受。

溫度較熱的酒	溫度較冷的酒

你對干型白葡萄酒的分類

準備一個大一點的酸度／酒精座標圖，並將你接下來喝到的白葡萄酒標示在上面。隨身攜帶這張圖表並在每次品飲不甜型白葡萄酒時完成，你會慢慢地建立起自己的不甜型白葡萄酒清單。這張圖表將陪伴你進行這趟葡萄酒學習之旅。

深入探討

你應該能夠在品飲第一口時就幫酒款在酸度／酒精座標圖上畫下定位。■

練習綜合

這個練習很重要，因為它總結了截至目前所學到的所有概念。

❶ 取一款你熟悉的高酸度白葡萄酒，然後將它降溫到10-14℃的適飲溫度後品飲，請寫下你的感想。

❷ 加入一茶匙的黑醋栗利口酒（當然也可以使用簡單的砂糖）攪拌，品飲後請專注在酸度表現，再寫下你的感想。這是怎麼轉變的呢？如果你覺得這杯酒目前還是很酸，請再加入一茶匙。

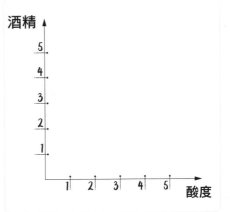

■品飲後寫下你的感想。
 持續這樣的做法直到你覺得這杯酒再也不酸了，到這個階段這款酒應該是達到一個完美的平衡，酸度、糖和酒精之間的感覺互相抵消。

■在下表中將其不同甜度的感想寫下來。

加入一茶匙	加入二茶匙	加入三茶匙	其他

❸ 你對一款葡萄酒的看法會隨著時間而改變，酸度是一種難以捉摸的味覺，也有人說酸度是透過學習才知道的味道，一旦你學會怎麼了解它，它就會變得很容易親近。請記住目前練習5你比較喜歡加入多少黑醋栗利口酒或是糖的酒款，因為這是你現在喜歡的平衡。當完成所有課程後請再回來進行練習，為達到你認為的平衡，你所加入的利口酒或是糖的份量是否有改變？

■寫下你的感想。

我的第一個搭配原則：與葡萄酒的酸度共舞

在這個階段，你可能正在思考，經過這些課程訓練似乎仍無法了解餐酒搭配。事實上，你的味覺對葡萄酒已有了共識（中性、ph值6.5-7.5）。你已經知道那些酒是你喜歡的並了解其酸度及酒精的平衡，這一點很重要，因為會影響其他操作。

正如我們已經提到的，白葡萄酒有兩個構面，它是建立在酸度與酒精的平衡上。酸度可以使口感清爽，酒精則是帶來灼熱感。這兩種風味會主導並實現所有白葡萄酒餐酒搭配的可能性，為你敞開一個神奇的宇宙。

就彷彿我們沒有觸碰它，卻已經在校準你的味覺及你的認知。一旦完成，就沒有什麼能阻礙你進行餐酒搭配。

酸度與餐酒搭配？

葡萄酒的酸度有兩種功能。第一是它與**食物的油脂**能有極佳的結合。食物脂肪會讓嘴內產生有糊狀物的感覺。在結合上，這比較像是對立的結合，專家稱為**對立的餐酒搭配**或對位。食物脂肪與葡萄酒酸度是對立的結合，兩者搭配時食物會感覺比較不油膩，葡萄酒則會感覺酸度降低。這是雙贏的局面，我們也可以稱為**給予與接受**：葡萄酒給予／失去它的酸度，而食物也給予／失去它的油脂。

哪些食物含有豐富的油脂呢？所有的起司均含有油脂，煮熟的蛋黃、奶油是另外的範例，其他如冷肉盤、臘腸及其他豬肉加工品都富含油脂。

酸度的第二個功能是能抵消食物內的**甜度**，例如胡蘿蔔、南瓜和櫛瓜（含有碳水化合物），部分番茄類（注意，不是全部），花椰菜，義大利麵，米飯，以及穀類（含有澱粉）。這個餐酒搭配也是給予與接受：葡萄酒給予／失去它的酸度，食物則給予／失去它的甜度。請注意，這裡必須分辨食物的甜度是「在醬汁內加了一點糖」還是「整個甜點都是甜的」。

甜點的餐酒搭配，我們相信唯一的可能只有甜點酒或是酒精度相當高的蒸餾酒、果渣白蘭地以及蒸餾酒（Eaux de vie）。我們會在接下來的章節繼續討論。

使用酸度／脂肪象限圖

利用象限圖幫助餐酒搭配選擇。這雖然是畫給新手使用的，但也適合所有人，這是本書真正的創新教法。你將可以利用得到的資訊協助安排餐酒搭配在所有的酒以及全世界的餐點中。透過象限圖你可以記錄葡萄酒及食物的各自特色，這是一種視覺圖像濃縮風味和香氣研究。

酸度之於餐酒搭配

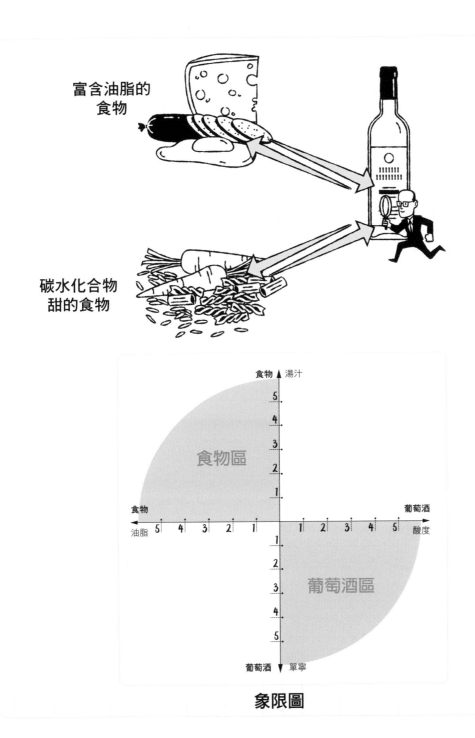

富含油脂的
食物

碳水化合物
甜的食物

食物 ▲ 湯汁

5
4
3
2
1

食物區

食物　　　　　　　　　　　　　　　　　葡萄酒
油脂　5　4　3　2　1　　　1　2　3　4　5　酸度

1
2
3
4
5

葡萄酒區

葡萄酒 ▼ 單寧

象限圖

正確識別餐酒搭配要遵循的步驟

為了正確執行你的餐酒搭配，你可以按照以下步驟：

完成象限圖

❶ 分別品嘗食物，評估其脂肪風味並置入圖表中
❷ 用麵包和水清洗你的味蕾
❸ 再品嘗葡萄酒，注意其酸度和酒精度之間的平衡並置入圖表中

分析餐酒搭配

❶ 將食物放進嘴裡，慢慢咀嚼並吞下
❷ 喝一口酒，在口中清漱一下
❸ 記下食物與酒在你口中的感受

你直接感覺到什麼？只有油脂？
甜味和酸度？什麼樣的酸？
這些是第一個主要的因素。
要「完成」餐酒搭配，你需要關注最終印象：
喝完後剩下什麼？只有酒的風味？食物完全被蓋掉了嗎？
還是只剩下食物，酒完全消失了？
也可能是完全不配合的搭配：我們聞到了葡萄酒的味道，然後是食物，然後又聞到葡萄酒……

注意

不同於品飲葡萄酒，試飲者可以吐掉酒款，安排餐酒搭配很難吐酒，畢竟是要品嘗酒與食物的最終印象。

餐酒搭配的關鍵

餐酒搭配的極致，是找到葡萄酒與食物在嘴中達到和諧並產生新的風味。這個新風味不是單純食物加酒而已，而是1加1大於2的概念。找到這個關鍵，餐酒搭配就成功了！

盡可能的嘗試並記下最終的餐酒搭配，一種成功的餐酒搭配並非表現在象限圖上，它需要你用簡潔的詞語記錄和描述你在口中重新品嘗的感受。詳細地記錄料理精準的配方，一道菜的調味，一款葡萄酒的完整描述。不幸地，這樣的搭配很容易搞砸。在筆記本上記錄下這寶貴的時刻；用你挑選過的葡萄酒與準備過的料理，這是屬於你自己的餐酒搭配，日後能更輕易地複製。

建議

仔細記錄成功的餐酒搭配、食譜及葡萄酒款。幾年後你將有一份很好的建議清單。

菜餚的油脂從何而來？

可能是內在的，如我們所見。譬如硬質起司，通常含有超過35%脂肪。冷肉盤也相當富含油脂，特別是熟肉抹醬（rillettes）有40%是脂肪。

油脂感通常也會在備料時加入，不論是奶油或橄欖油。在烹調或調味過程中油脂感也會強化。脂肪可依潤滑性區分為固體或液體，我們認為這樣的區分有些多餘，因為固態脂肪入口後會與口腔黏膜混合，成為更潤滑的液態狀。

結　論

菜餚富含脂肪、奶油或帶點甜味都相當適合搭配帶有酸度的酒。在接下來的練習中我們會分析此屬性。

如何使用象限圖？

❶ 了解如何在圖上放置葡萄酒不同的特性。
   你已經知道白葡萄酒有兩種特徵：酸度與
   酒精。

❷ 你對菜餚也執行相同的操作。

❸ 當兩軸相對時，這意味著葡萄酒與菜的味道
   互相抗衡（酒的酸度和菜的脂肪，單寧與食
   物湯汁）。

你會發現目前只有使用圖的兩個部分：第二
和第四象限。
在第二象限（酸度和單寧）中，我們配置葡萄
酒。在最後一個象限（食物湯汁和油脂），我
們安排菜餚。
目前我們僅使用X軸及其兩個相對的象限，當我
們討論到有單寧在內的紅葡萄酒時，會充分利用
這幅象限圖。

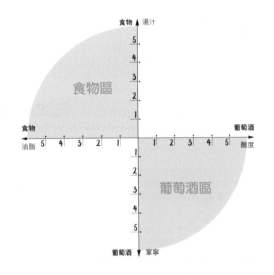

不要慌張

整幅分布圖的概念我們會一步一步的探討，現在讓我們先忽
略菜餚的湯汁以及葡萄酒內的單寧。這些概念我們會在紅酒
的章節討論。■

透過範例來熟悉象限圖吧！

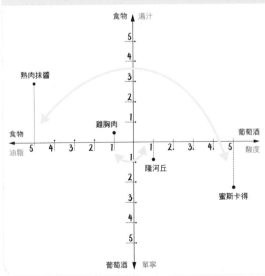

使用分布圖不會很複雜。我們將專注於X軸：葡萄酒—酸度；
食物—油脂
我們將在後面討論紅葡萄酒的單寧時再來探討Y軸。那麼，現
在要做什麼？只需將葡萄酒放在十字形的酸度軸上，將食物
放在脂肪軸上。

象限圖內有兩個範例：我們展示了兩種葡萄酒，一種是羅亞爾
河的蜜思卡得，另一種是隆河丘葡萄酒。另一方面，我們準備
兩道簡單菜餚：熟肉抹醬（rillettes）與雞胸肉。
哪一款酒搭配哪一道菜呢？
滿分為5分。蜜思卡得，酸度為5/5（我們也可以放在4分）；
熟肉抹醬，脂肪成分為5分。在隆河丘葡萄酒的部分，酸度為
1分（或者可以2分表示），與油脂部分獲得了1分的雞胸肉搭
配良好。

莫扎瑞拉起司試驗

如果確實有一種可以使許多人幸福的開胃菜，那就非著名的莫扎瑞拉起司（Mozzarella, 可能的話挑選水牛乳製的）莫屬。用於卡布里沙拉（salade caprese），這是來自義大利坎帕尼亞（Campanie, 那不勒斯Naples地區），現已全球知名的經典菜色。我們將一起探討所有層面，以利我們更能簡單的了解食譜並逐步解構。

溫馨提醒，這道菜主要成分如下：莫扎瑞拉起司、新鮮紅番茄、橄欖油、鹽、胡椒粉、羅勒葉。

卡布里沙拉食譜

卡布里沙拉是由切片的新鮮莫札瑞拉起司和切片番茄組成，再灑上新鮮的羅勒葉。

調味料：特級初榨橄欖油、鹽和胡椒粉（請注意，原始食譜中沒有檸檬，我們之後會繼續討論）。■

❶ 首先，我們將專注於莫札瑞拉起司。請等起司回復到室溫再品嘗。我們常常會犯一個錯誤，就是品嘗剛從冰箱拿出來新鮮的起司。一如所有起司，莫札瑞拉起司應在室溫下（最低21-22℃）食用。每個那不勒斯人都知道這一點，並且認為在5/6℃品嘗莫札瑞拉起司是犯罪行為！一方面，你有起司，另一方面，你有白葡萄酒。我們將測試兩者之間的搭配。請按照頁26所述的步驟操作。

■ 寫下你的感受。

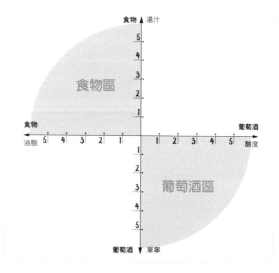

吃了莫札瑞拉起司後喝下的白葡萄酒，是否感覺比之前的酸度低呢？如果是這樣，你已經達到第一個餐酒搭配對立的平衡。起司的脂肪（約25%）平衡了葡萄酒的酸度。

■ 將食物與葡萄酒放到圖表上來完成餐酒搭配。

❷ 再測試一次，這次集中在莫札瑞拉起司的味道上。它感覺比沒有搭配酒時少了油脂感嗎？

莫札瑞拉起司和橄欖油

時常，我們只專注在食譜或菜餚上而忽略了最能改變風味的簡單素材。讓我們回到上一個練習，準備兩份莫札瑞拉起司，一份無添加佐料（在室溫下，即最低21-22℃），另一份在上面淋上橄欖油。

品嘗兩道菜配上白葡萄酒。（提醒：首先自己品嘗葡萄酒，寫下味覺的感受，接下來吃一口起司再馬上品嘗葡萄酒。）

■寫下你的感受。
你更喜歡哪種搭配？
搭配起司和橄欖油之後葡萄酒的酸度是增加或減少？

■完成象限圖。

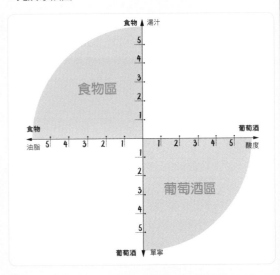

麵包與橄欖油

這項測試應能滿足你的味蕾,並幫助你學習。請準備課程1中品嘗的白葡萄酒。也許其中一些葡萄酒已經無法再用,在這種情況下,請尋找類似的葡萄酒。

❶ 現在嘗試品嘗白葡萄酒與沾有橄欖油的麵包。
　■寫下你的感受。
　這樣的搭配如何呢?
　哪一款酒你認為最合適?

　■完成象限圖。

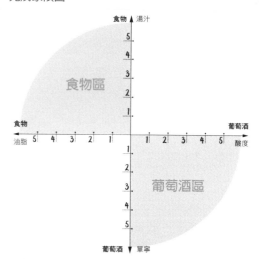

❷ 現在品嘗奶油搭配麵包。確保奶油在口中融化,吞嚥前緩慢咀嚼。與葡萄酒的搭配如何呢?和橄欖油比起來有什麼不同感受?
　■寫下你的感受。

❸ 對歐洲人來說,麵包是主食,尤其是在品飲的場合。通常我們認為這是中性的食物。它是碳水化合物的來源,更重要的是,咀嚼後會在口中帶來甜感。同樣的感受我們也可以在義大利麵和米飯中找到,一樣會跟酒的酸度抵消結合。拿一塊麵包並慢慢咀嚼,口內黏膜中的澱粉酶會慢慢分解碳水化合物成複合糖,略帶有甜味。

幾乎所有的麵包都有加鹽,在味蕾的末端垂涎欲滴的感覺很明顯,驅使你想再吃下一口。現在在拿步驟❶中你覺得味道不搭的葡萄酒,用它來搭配不沾橄欖油的麵包。有感覺這樣的搭配比較好嗎?完成下面餐酒搭配的表格(純麵包,沾橄欖油的麵包,抹奶油的麵包)。

	純麵包	麵包&橄欖油	麵包&奶油
葡萄酒 A			
葡萄酒 B			
葡萄酒 C			

檸檬的功用

通常卡布里沙拉是切成薄片，佐以調味料：橄欖油、鹽和胡椒粉。有些時候我們也會佐以檸檬汁，雖然在義大利不一定會這樣配，但這就是我們在這裡要做的，用以了解檸檬對餐酒搭配的影響。

❶ 我們僅用以下成分做試驗：莫札瑞拉起司、橄欖油和檸檬汁。讓我們用切片的莫札瑞拉起司做個比較，選一款你喜歡的白酒。
如何做餐酒搭配呢？

■ 在下列表格中寫下你的感受。

莫札瑞拉起司	莫札瑞拉起司&橄欖油	莫札瑞拉起司&橄欖油和檸檬汁

■ 完成象限圖。

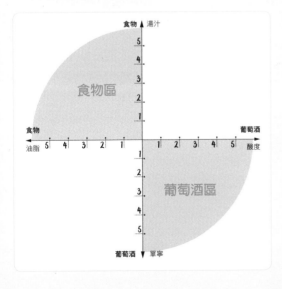

❷ 我們深入到問題的核心：檸檬汁的酸度非常強。請回憶課程1的練習1，正如我們在課程1中談到檸檬汁是自然界中最酸的。對於平衡檸檬汁的酸度你有什麼想法嗎？

■ 寫下你的感受。

我的第二個搭配原則：與葡萄酒的酒精共舞

到目前為止，我們已經探討過白葡萄酒酸度（課程1及課程2）。葡萄酒內的乙醇分子是否有特別屬性？它會如何影響餐酒搭配？乙醇分子的性質眾多，能幫助安排餐酒搭配。本課非常重要，因為它能幫助你了解不同酒精含量在葡萄酒之間的區別，以及輕盈的酒款與菜餚的搭配。

酒精與餐酒搭配？

葡萄酒中的酒精有一個主要功能：作用有點像清潔劑。我們不會特別在意，因為所有的葡萄酒都含有酒精，通常差距不大（香檳為12.5%，而酒精度最高的不甜葡萄酒為16%）。**酒精可平衡菜餚的鹹膩、酸度或苦味。**我們不會畫出酒精作用的象限圖，為什麼？由於所有葡萄酒中都含有酒精，因此了解其效果非常重要——這是本課程及主題練習的主旨。然而，它的作用在白葡萄酒和紅葡萄酒中大致相同。酒精的效果不需要使用象限圖，在下一頁顯示的一維圖形表達了其目的。要記得酒精可平衡菜餚的鹹膩、酸度或苦味。南法的葡萄酒基本上會比北邊的酒精來得高一些。

一則軼事

我有一次在一位很喜歡義大利菜的友人家吃飯。當天她做了一道簡單的香辣茄醬義大利麵（Arrabbiata sauce），她喜歡以瑞可塔起司（ricotta）代替帕瑪森起司（parmesan），口中的結果非常美味，但非常鹹。有一次我帶了胡西雍丘（côtes-du-Roussillon）的白葡萄酒，那次的餐酒搭配相當成功。白酒內的酒精與菜餚的鹹度剛好融合達到平衡。

該使用哪個術語描述酒精？

專家會用**灼熱**形容，不過這其實是偽熱，明確來說酒精並不會真正發熱，但會給人有溫度升高的感受。不要指望在一個寒冷的冬夜裡喝伏特加酒會變熱。我們也可以談論某種形式的甜味或脂肪。為了避免混淆，我們更喜歡使用精確的術語描述酒精，就像我們對酸度所做的一樣。

如何強調葡萄酒的酒精性？**溫度的升高會增加對乙醇分子的感知。**在教導學生時我經常拿伏特加做比較，當凍飲伏特加的時候似乎不太「熱」，並且感受到更少的酒精含量。相反的，在室溫下飲用伏特加會感受到酒精的灼熱和偽熱。這個比較也有助我們辨認乙醇帶來的油脂感，乙醇分子帶來圓潤、略帶甜的口感。

酒精之於餐酒搭配

鹹膩、酸度或苦味

白葡萄酒
（酒精）

提醒

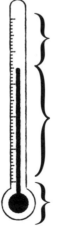

熱：
增加酒精感

冷：
增加酸度感

溫度過低：
感覺不到任何味道

菜餚的鹹膩、酸度或苦味

哪些菜含有鹹膩的風味？

讓我們來談談食物吧。正如之前提到的，**麵包**中含鹽量相當高（找一天請你的麵包師傅準備無鹽麵包，你很快會發現到區別）。鹽也常用來保存**起司**與**冷肉**。在準備菜餚時我們也常使用鹽：例如在**水煮**馬鈴薯、義大利麵以及蔬菜時……還有調味沙拉的時候。如果鹽是在烹調的時候加入，比較容易感受到它的存在。

哪些菜含有酸的風味？

酸度是一道菜餚的基本組成部分。蔬菜類提供酸度，例如**番茄**，帶有明顯的酸味；水果類也一樣，特別是**柑橘類**水果。酸度存在於起司、肉類和魚類，不過它與其他風味達到平衡。在菜餚製作過程中可以添加酸度：像是**醋**和**檸檬汁**，這兩種調味品能增強酸度的趨勢。例如，油炸的蔬菜、魚類等用檸檬汁的酸度可以平衡油脂的膩感，這與葡萄酒的酸度平衡菜餚的油脂風味如出一轍。

哪些菜含有苦的風味？

苦澀是一種不舒服的味道，即使如此還是需要學習了解。部分蔬菜自然含有苦的味道，例如**芝麻菜、菊苣、朝鮮薊、蘿蔔**。魚肉類也會因為烹調方式而帶有些許苦味，例如用**炭火**或是**鐵盤**烹調時。我們也很常在**咖啡、黑巧克力**以及**焦糖布丁**中找到苦味。我們比較難強化菜餚中苦的風味，但可以通過烹飪手法做到（例如燒烤鍋）。

結　論

當菜餚含有鹹膩、酸度或苦味時，葡萄酒內的酒精能夠將之抵消使菜餚與酒達到平衡。

──則軼事

在我們家裡，沙拉的調味有橄欖油、鹽、胡椒粉和葡萄酒醋（不是巴薩米可醋醋）。沙拉很開胃，我可以一個人吃掉一整盤。問題出在餐酒搭配──它完全不搭。有兩種解決方式：一是順勢加入葡萄酒醋，然後找一支白葡萄酒酒精含量高一點的去平衡菜餚；二是不加入葡萄酒醋，雖然這樣酒會贏，菜餚反而缺少味道。有時理想的搭配並不存在，我們必須妥協。以我而言，我就喝一杯水搭配沙拉……用葡萄酒醋調味。

適度的檸檬汁

不幸的是，烹飪趨勢是在所有調味料、醬汁中使用檸檬汁，有必要注意其用量。幾滴就足夠增添酸味，過度使用則會蓋掉其他風味。沒有一位大廚一天用掉整盤的檸檬。當檸檬汁過多時對餐酒搭配是不好的，只有少量幾款酒可能合適。我們將在下面練習做說明。

鹹膩、酸度或苦味

鹹

麵包、起司、冷肉

酸

番茄、柑橘類、醋

苦

芝麻葉、菊苣、朝鮮薊、巧克力、咖啡

莫札瑞拉起司與檸檬

❶ 請準備莫札瑞拉起司、橄欖油和稀釋的檸檬汁（將檸檬汁用三倍的水稀釋，或以1：3的比例稀釋，暫時不要加鹽）。稀釋的檸檬汁分量使用半茶匙。嘗試與以下三種葡萄酒搭配：酸度高的葡萄酒，例如蜜思卡得；一種含酒精度偏高的，例如隆河產區的白酒；第三款酒由你自行決定。

■填寫下表並寫下你的感受。

	莫札瑞拉起司、橄欖油、檸檬
葡萄酒 A	
葡萄酒 B	
葡萄酒 C	

❷ 你是否發現酒精含量偏高的酒更能承受檸檬味？

❸ 讓我們嘗試三種類型的莫札瑞拉起司：純起司、搭配橄欖油、搭配橄欖油和稀釋檸檬汁（此時先不要加鹽）。嘗試搭配三款不同酸度的酒，由酸度高到低排序，這樣就為你提供了九種可能性（三道菜餚和三種葡萄酒）。這是第一個相同菜餚的餐酒搭配，根據不同的準備方法以及三種不同的葡萄酒來製作。如果你喜歡餐酒搭配的原則，以下這樣的表格將很快成為你的生活日常。有時候你遇到的菜餚會比我們舉的例子更複雜，不過干白葡萄酒總是能帶來酸度 / 酒精度。哪種葡萄酒最適合搭配哪種菜餚？

■完成以下表格。

	莫札瑞拉起司	莫札瑞拉起司&橄欖油	莫札瑞拉起司&橄欖油&檸檬
葡萄酒 A			
葡萄酒 B			
葡萄酒 C			

海鹽，你在哪裡？

在本課程中，我們知道了酒精有助於平衡菜餚的酸性、苦味和鹹膩感。在本練習中，我們將專注於探討鹹味部分。讓我們拿起上一個練習中來自法國南部酒精含量最高的葡萄酒或任何你手上的一款酒精含量偏高的葡萄酒。莫札瑞拉起司、橄欖油和稀釋的檸檬汁的葡萄酒搭配是否讓你無法接受？撒上少許鹽，再重新品嘗餐酒搭配，然後寫下你的感受。如果還不夠鹹的話再加少許鹽，依此類推。

■ 在下表內寫下你的感受。

	加入1小撮鹽	加入2小撮鹽	加入3小撮鹽
葡萄酒 A			
葡萄酒 B			
葡萄酒 C			

注意

實際上，食物本身已經含有鹹味，因為就像所有起司，莫札瑞拉起司是含鹽的。在本練習中，我們加強了鹽度以平衡葡萄酒的酒精。■

小竅門

像莫札瑞拉起司這樣的新鮮起司鹹度會比的乾起司低，同樣的新鮮山羊起司也是如此。鹹味的強度與菜餚的含水量有關。■

芝麻葉沙拉

❶ 做一道芝麻葉和菊苣沙拉，只需些許調味，加入鹽和胡椒粉。這是一道結合酸度、鹹味與苦味的菜餚。我們將嘗試搭配三款葡萄酒：高酸度的、高酒精度的和一款由你自行決定的酒。你認為哪種酒最合適？

■ 在下表中寫下你的感受。

	芝麻葉沙拉
葡萄酒 A	
葡萄酒 B	
葡萄酒 C	

❷ 藉由改變調味料來重複練習：多一撮或少一撮鹽，醋和檸檬汁也一樣操作。如此會改變此道菜餚的餐酒搭配平衡。

■ 寫下你的感受。

	鹽的增減量	醋的增減量	檸檬汁的增減量
葡萄酒 A			
葡萄酒 B			
葡萄酒 C			

燒烤或鍋煎？

這是一個有趣的練習，因為它著重於菜餚在製作過程中增強苦味。我們可以通過燒烤方式來改變苦味：燒烤食物帶來的棕色烤紋，與烹飪方式相關，可藉此增強菜餚的苦味。試著用白肉或蔬菜，亦或是兩者都用皆可。一種用鍋煎的方式，小心別讓菜餚燒焦；另一種用直火燒烤的烹調方式。準備三款葡萄酒：高酸度的、高酒精度的和一款由你自行決定的酒。哪種酒最適合哪種烹飪方式？

■ 在下表中寫下你的感受：

	鍋煎方式烹調	燒烤方式烹調
葡萄酒 A		
葡萄酒 B		
葡萄酒 C		

干　貝

至於苦味呢？要研究它，讓我們透過具此特色的食材：干貝。接下來的練習可幫助你理解菜餚的苦味與葡萄酒的關聯性。準備三款葡萄酒：高酸度的、高酒精度的和一款由你自行決定的酒。

食譜：煎烤干貝

用200℃的烤盤煎烤干貝數分鐘，純乾煎而不使用任何油。接著，一顆干貝就直接裝盤上菜，另一顆佐以數滴橄欖油以及1撮鹽。

當你品嘗純干貝時，請慢慢地咀嚼專注於吞嚥後在嘴裡的苦味。品嘗有調味過的干貝時也要慢慢咀嚼，並專注於調味品與苦味的平衡。

■ 完成下表。

	無調味乾煎干貝	調味過的乾煎干貝
葡萄酒 A		
葡萄酒　B		
葡萄酒　C		

蘭姆酒的道路

❶ 如何平衡強酸，譬如剛榨好的檸檬汁？讓我們回到自然界中最酸性的純檸檬汁這個議題。平衡高酸度需要高濃度的酒精。為此，請準備白蘭姆酒（最低40%）於溫度21-22℃。準備1杯40cc的蘭姆酒與1茶匙的純檸檬汁，混合拌勻。品飲一口調好的蘭姆檸檬汁。檸檬汁和蘭姆酒中的乙醇有起作用嗎？

■ 寫下你的感受。

❷ 檸檬的酸度還是很干擾你嗎？你可以添加蔗糖，甚至是甜菜根糖。就我們的經驗而言，這樣做效果很好。將糖加到蘭姆檸檬汁內（半茶匙半茶匙慢慢加），拌勻品嘗並留意你的感受。

■ 在下表內註記贏得你青睞的份量。

	與1份半茶匙的糖量	與2份半茶匙的糖量	與3份半茶匙的糖量
蘭姆檸檬汁			

❸ 即使完成課程後，重複體驗也會有幫助。對我的學生而言，偏愛糖含量較低的調飲很罕見，因為酸度需要一些學習才能得到充分的認識。

練習第一個
餐酒搭配

綜合而言，本課程總結了之前所提之要素，然後將其應用於不同類型的菜餚。

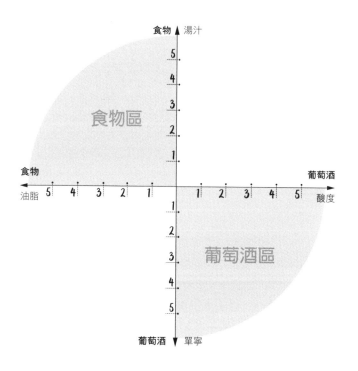

對立的特色
葡萄酒的酸度
葡萄酒的酸度平衡了菜餚的以下風味：

- 非常好：菜餚中所含的油脂，無論是菜餚本身的（起司等）或是外部佐料給予的（奶油、橄欖油等）
- 好：甜但並非甜點的味道（例如胡蘿蔔的甜味）

圖表上帶有此資訊。我們只分析了X軸，Y軸部分的解釋將在紅酒的章節中繼續探討。

葡萄酒的酒精
葡萄酒中的酒精平衡了鹹味、苦味和酸味。由上一個章節我們得知其餐酒搭配是對立的，彼此相互抵消，並且彼此對反，以使餐酒搭配各部分的總和更和諧（給予和接受的餐酒搭配）。

必須分階段進行的特色：強度和持久性

為了不增加複雜度，所以我們還沒有討論過，但是仍有兩個要探討的部分。**強度用來衡量葡萄酒（或菜餚）的風味，持久性是指葡萄酒（或食物）吞嚥或吐出後味道在口中停留的時間。**因此，有的酒會是中等強度但是味道非常持久（不是「爆炸性」但會持續很長時間），或者相反，非常濃郁但味道不持久（非常具「爆炸性」但不會持續很長時間）。也有可能酒款是強度不強也不持久，又或是強度強烈且味道持久。這兩個特徵中的每一個都必須與食物和葡萄酒相同。

結　論

如果葡萄酒濃郁（強度夠），則需要味道濃烈的菜餚。如果葡萄酒具有持久性（可以在口中停留很長時間），則菜餚味道也應具有持久性。

在嘗試餐酒搭配時如果葡萄酒搶了菜餚的味道，那是因為它太濃（強）或太持久（長）。相反的情況也可能發生。即使是新手嘗試，也容易察覺到這些差異。

如何確定葡萄酒的強度？

一定要品嘗！通常是但並非總是如此，相較於未在橡木桶中熟成的，在橡木桶中陳釀的葡萄酒口感上更濃烈。同樣的，在酒糟中泡渣培養的酒會比未泡渣培養的酒更濃烈。

如何確定葡萄酒的持久性？

這通常與葡萄酒品質有關，特級酒比一般酒更具持久性。

分階段進行的特色
葡萄酒的強度
菜餚的強度
法式魔鬼蛋
菲力牛排佐伯那西醬
香煎鱈魚佐以鹽及胡椒
葡萄酒的持久性
菜餚的持久性
油醋朝鮮薊
野生紅鯔魚佐洋蔥醬
野味佐獵人醬汁
卡門貝爾起司

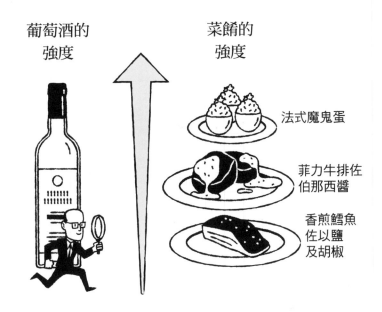

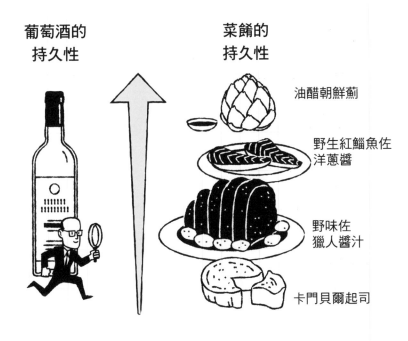

一些範例

高強度的白葡萄酒範例	高強度的菜餚範例
— Muscadet-sèvres-et-maine sur lies白酒 — 布根地白酒橡木桶熟成 — 胡珊與馬姍品種釀的隆格多克白酒 — 阿爾薩斯的格烏茲塔明那白酒	— 乾煎小牛胸腺 — 菲力牛排佐伯那西醬（sauce béarnaise） — 香煎鱈魚佐以鹽及胡椒 — 法式魔鬼蛋
高持久度白葡萄酒範例	高持久度菜餚範例
— 梅索（Meursault）產區對比布根地區域級 — 松塞爾產區對比都漢（touraine）產區 — 貝沙克─雷奧良產區對比優質波爾多產區 — 阿爾薩斯的麗思玲對比格烏茲塔明那	— 油醋朝鮮薊 — 野生紅鯔魚佐洋蔥醬（sauce échalote） — 野味佐獵人醬汁（sauce grand veneur） — 卡門貝爾起司

神奇的餐酒搭配

現在，你已經可以用白葡萄酒進行所有可能的搭配，因為你已經了解餐酒搭配的原理。請記住，**成功的餐酒搭配取決於你對葡萄酒與菜餚的評定**。

一些特殊的香氣風味，可能在單獨品嘗葡萄酒或菜餚時是嘗不出來的，只有餐酒搭配良好時才能在口中感受到。神奇的搭配是我們發現一種不同於葡萄酒和食物的新口味，但既愉悅而和諧。這種新的味道、新的風味並不是單純地將葡萄酒和食物相加，**而是超過這兩種元素的總和**。做到如此，餐酒搭配時就成功了！

引用法國著名美食家布里亞─薩瓦蘭所言：成功配對是一種特別的享受，無論是精神上還是身體上的：大腦煥然一新，笑容可掬，更加光彩，眼睛閃耀，柔和的熱量從身體散發出去。

我的秘密

我一直對學生說，找到神奇的餐酒搭配沒有秘密，就是嘗試、嘗試、再嘗試。只有一種解決方法，那就是品嘗。

我所遇到的錯誤

我有時會和廚師一起準備食物和葡萄酒的餐酒搭配。幾年前，主廚沒有時間試做菜餚，我只能在紙上操作理論，這真是一場災難。從那時起，我不再未嘗試過食物時就做餐酒搭配。

橡木桶內陳釀白葡萄酒

某些白葡萄酒在桶中陳釀時賦予了它們特定的香氣。此外，酒也會帶點**單寧**。單寧是什麼？這是我們尚未涉及的概念，因為它是關於紅酒的主題。橡木桶的單寧柔順，會讓口腔有輕微乾燥的感覺。如果木質調性較輕，則不會實質上改變餐酒搭配的結構，但仍需要考慮。

帶有單寧白葡萄酒的例子（在橡木桶中陳釀）
— 北隆河Condrieu AOP
— 南隆河Chateauneuf du Pape AOP
— 波爾多Pessac Leognan AOP
— 布根地Pouilly Fuisse AOP或Meursault AOP

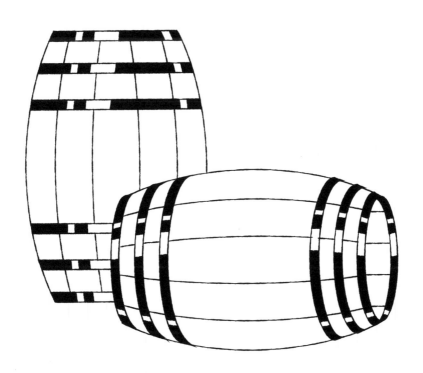

清湯、湯和濃湯

布里亞—薩瓦蘭告訴一位坐在冥想椅上的教授:「湯
是胃貧時最好的慰藉。」湯(法文potage)一詞來
自煮蔬菜的鍋中(法文pot)。湯是所有液體菜餚
的總稱。清湯是香醇的精華,是用肉類或是魚類
經長時間熬煮之後濃縮而成。最後,濃湯是一種
利用蛋黃、奶油使其變濃稠的湯品。

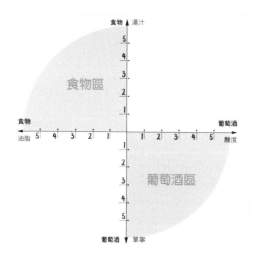

❶ 請準備或製作三款能激發你靈感的湯品,利用以
下的食材:番茄、綠色與白色蔬菜、馬鈴薯。
例如:
- 番茄湯
- 韭菜奶油湯
- 胡蘿蔔 / 南瓜湯
- 綠扁豆湯 / 豌豆濃湯

根據先前練習與過往經驗,選擇三款你認為可與
湯品搭配的白葡萄酒。譬如:
- 阿爾薩斯產區的白皮諾(Pinot Blanc)
- 薄酒萊產區的白葡萄酒
- 隆格多克產區的白葡萄酒

■ 依據搭配結果完成圖表。

■ 將你的餐酒搭配感受填入下表。

	湯品 A	湯品 B	湯品 C ....
葡萄酒 A			
葡萄酒 B			
葡萄酒 C			

❷ 深入探討
當你學習了紅酒的章節後,請使用紅酒重複此練習。你發現有區別嗎?哪種酒最適合搭配湯?白葡萄酒或
紅葡萄酒?

番茄、胡蘿蔔與茄子

在18世紀，蔬菜做為整個套餐中的一道菜餚，是第二道菜的一部分，安排在肉料理之後與沙拉之前。布里亞—薩瓦蘭回憶，在拿破崙以及巴黎餐廳老闆們精算花費之下，蔬菜逐漸從主要菜餚變成配菜。

製作三道蔬菜菜餚，例如普羅旺斯燉菜、火烤蔬菜及你最喜歡的蔬菜菜餚。選擇三款不同的白葡萄酒，例如：

- 含有酸度與礦物感的酒，像蜜司卡得
- 酸度與香氣芬芳的酒，像是羅亞爾河的白蘇維濃或阿爾薩斯白酒
- 有架構與強勁的酒，像是隆河白酒
- 陽光豐富熟成良好的酒，像是隆格多克白酒
- 在橡木桶中陳年的酒，像是布根地伯恩丘的白酒

含有更多酸度的白酒表現如何呢？

陽光豐富熟成良好的酒？

橡木桶中陳年的酒？

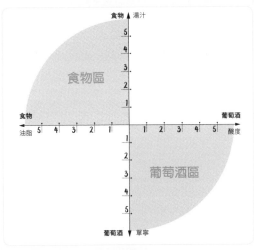

■ 依據搭配結果完成象限圖。

■ 將你的餐酒搭配感受填入下表。

	料理 A	料理 B	料理 C
葡萄酒 A			
葡萄酒 B			
葡萄酒 C			

雞蛋、沙拉與法式鹹派

現代美食欣賞簡單的菜餚。雞蛋相當受歡迎：煎炒煮炸……巴黎的小酒館提供法式魔鬼蛋。誰早餐沒有吃過火腿蛋鬆餅（Œufs Bénédicte）？我只是想一下就垂涎三尺。但是對布里亞—薩瓦蘭來說，雞蛋是多餘的：煮熟一顆蛋比烹調4磅的鯉魚更久。

製作三道以下菜餚：
- 尼斯沙拉
- 蔬菜鹹派或法式鹹派
- 蛋沙拉
- 煎蛋捲

根據先前練習過的與你的過往經驗，選擇三款你認為可以與其中菜餚搭配的白葡萄酒。

■ 依據搭配結果完成象限圖。

食物 ▲ 湯汁

食物區

食物
油脂

葡萄酒
酸度

葡萄酒區

葡萄酒 ▼ 單寧

■ 將你的餐酒搭配感受填入下表。

	料理 A	料理 B	料理 C
葡萄酒 A			
葡萄酒 B			
葡萄酒 C			

馬鈴薯、四季豆及綠扁豆

停止先入為主的觀念：儘管口碑不好，但是這些食物對於那些
喜歡它們的人來說是一種內在的快樂。布里亞—薩瓦蘭不
喜歡它們，認為馬鈴薯及豆類是致癌物，菜單上不應該
有它們出現。

準備馬鈴薯菜餚，不論是蒸、水煮或馬鈴薯泥，四
季豆或綠扁豆。在法國奧維涅省（Auvergne）甚至
有綠扁豆的AOP（Puy-en-Velay）！
根據先前練習過的與你的過往經驗，選擇三款你認為
可以與其中菜餚搭配的白葡萄酒。

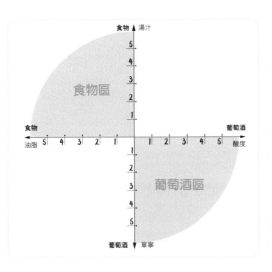

■ 依據搭配結果完成象限圖。

■ 將你的餐酒搭配感受填入下表。

	料理 A	料理 B	料理 C
葡萄酒 A			
葡萄酒 B			
葡萄酒 C			

荷蘭醬、伯那西醬和美乃滋

美乃滋是一種穩定的冷乳化液。這是怪事一椿，因為實際上美乃滋是由兩種液體（油和水）組成的固體。根據Hervé This的說法，這是由於蛋黃中含有的脂質（卵磷脂），表面活性劑分子使水分子（蛋黃的50%由水組成）和油之間形成聯繫。瑪麗—安托萬·卡內姆（Marie-Antoine Carême）在19世紀就已經了解了這一製作方式：只有靠一同處理油和蛋黃液，我們才能獲得一種非常柔軟、非常美味的天鵝絨般的醬料。這是獨一無二的，因為它與只能通過火爐減少水份才能獲得的其他調味料完全不同。

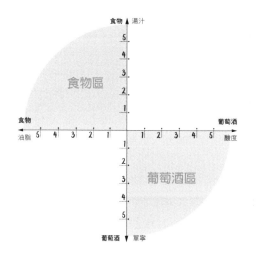

荷蘭醬（sauces hollandaise）與伯那西醬的烹調方式雷同，不同的是透過加熱乳化液，注意在加入之前不要將奶油過度加熱，以免將蛋黃煮熟。這些乳化醬料的出現讓法國美食界產生革命。

製作以上三種醬料並搭配麵包來做測試。
根據先前練習過的與你的過往經驗，選擇三款你認為可以與此三種醬料搭配的白葡萄酒。

■依據搭配結果完成象限圖。

■將你的餐酒搭配感受填入下表。

	美乃滋	荷蘭醬	伯那西醬
葡萄酒 A			
葡萄酒 B			
葡萄酒 C			

鱸魚、鱈魚和鰈魚

吃魚是保持苗條身材的安全法則。在中世紀美食
經驗中有脂肪日與無脂肪日的交替。嘉年華
盛宴結束後，我們在復活節前四十天禁食，
或在每季節前幾天、每個星期五（有時在
星期六）禁食，奉獻者也在星期三禁食。
布里亞—薩瓦蘭沒有正向的禁食經歷，他說
「因為魚和蔬菜很快就消化完了」。有人說，
沒有油脂／脂肪味道就清淡，事實上研究者最近
將脂肪風味視為第六種味覺，稱為油脂味。美食家認為魚的營養量低於肉類，因為它們不含滲透壓（鮮味或
第五種風味）。今天，魚除了具有營養價值外，還被認為是所有一流廚房的美味佳餚，通常當做第一道主菜。

請利用相同的白肉海水魚準備三道菜：水煮、火烤及鍋煎。佐以你喜歡的醬汁（例如：荷蘭醬、白醬、美乃
滋、伯那西醬、白奶油）。根據先前練習過的和你的經
驗，選擇三款你認為可以與魚料理搭配的白葡萄酒。確
保區分出葡萄酒與魚搭配和葡萄酒與魚佐醬汁搭配。

■ 依據搭配結果完成象限圖。

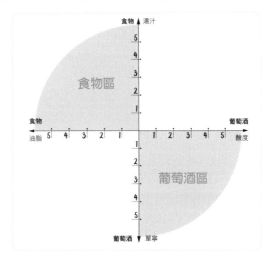

■ 將你的餐酒搭配感受填入下表。

	水煮的魚	火烤的魚	鍋煎的魚
葡萄酒 A			
葡萄酒 B			
葡萄酒 C			

餐酒搭配是否有因醬汁不同而有改變呢？
這一點很關鍵，因為我們常常忘記提及醬汁。但是，蛋白質基礎食材（魚、肉）主要是膠原蛋白，會因為單獨
吸收或是與醬汁結合而完全改變味道。

章魚、龍蝦和淡菜

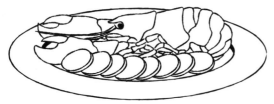

龍蝦並不總是受歡迎的美食。布里亞—薩瓦蘭在引用諾曼第的漁民時只說過一次。大齋期（基督教教會年曆一個節期）紀錄中只將其用於同名的醬汁。烤章魚是地中海的佳餚，據說是最健康、最衛生的美食。淡菜讓比利時人歡樂，我們知道，在所有高盧人中他們是最勇敢的。

請用章魚、甲殼類動物或貝類製作三道菜餚，例如海螯蝦、蝦、蟹、龍蝦、淡菜……
如有需要，可佐以自己喜歡的醬汁（例如：貝類佐美乃滋，淡菜佐白酒醬marinière sauce，龍蝦佐Belle-vue醬汁，烤章魚佐橄欖油、鹽和胡椒粉等）。
根據先前練習過的和你的經驗，選擇三款你認為可以與甲殼類料理搭配的白葡萄酒。確保區分出葡萄酒與甲殼類搭配和葡萄酒與甲殼類佐醬汁搭配。

■ 依據搭配結果完成象限圖。

食物 ▲ 湯汁
5 4 3 2 1
食物區
食物
油脂 5 4 3 2 1　1 2 3 4 5　酸度　葡萄酒
1 2 3 4 5
葡萄酒區
葡萄酒 ▼ 單寧

■ 將你的餐酒搭配感受填入下表。

	甲殼類菜餚不帶醬汁	甲殼類菜餚佐醬汁
葡萄酒 A		
葡萄酒 B		
葡萄酒 C		

那生蠔呢？

避免吃新鮮的牡蠣：非常鹹，牠們使所有可能的葡萄酒都變得搭配困難。選擇搭配啤酒或蒸餾酒（eaux-de-vie）。

豬肉、小牛肉和家禽

燒烤是19世紀美食的中心。它是由主烘烤師及其助手烹調的,在第二道菜餚時上給客人。烘烤的數量也表明了接待的質量:「如果第二道菜能同時提供十四盤,代表這家餐廳提供好品質的豐富美食,這是我們判斷的依據。」布里亞—薩瓦蘭很高興的描述著。我承認這是我最喜歡的烹飪方式。不幸的是,現代烤箱不再使用木頭當做火源,火焰也不直接與肉接觸,降低了菜餚的風味。有一種手法是將肉類放入烤箱之前,先在很高的溫度下加熱一段時間並使其表皮帶點金黃焦脆。

準備一份烤小牛肉或豬肉佐以濃縮肉汁奶油醬。選擇三款白葡萄酒。

■ 依據搭配結果完成象限圖。

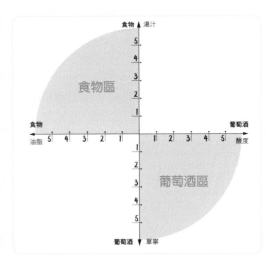

■ 將你的餐酒搭配感受填入下表。確保區分出葡萄酒與肉類搭配和葡萄酒與肉類佐醬汁搭配。如果你有安排配菜,請不要忘記品嘗所有食物(肉類、醬汁和澱粉類),以充分了解餐酒搭配的結構。

	單獨烤肉菜餚	烤肉菜餚佐醬汁
葡萄酒 A		
葡萄酒 B		
葡萄酒 C		

腦、舌頭和小牛胸腺

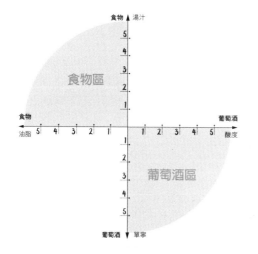

有什麼比蛋黃醬（sauce gribiche）加小牛腦更好？或是小牛胸腺佐奶油羊肚菌菇醬？舌頭與馬德拉醬？法國美食界已精通了動物的附屬和非貴重部分的藝術，即使這些部分被認為不可食用。從頭到尾巴，整隻小牛可以當做一套餐點。布里亞—薩瓦蘭述説著奇怪的盛宴，在那裡「五百隻鴕鳥的大腦或五千隻鳥的舌頭」都可以當做佳餚。

依照本練習準備一些你選擇的食譜。
選擇三款白葡萄酒。

■ 依據搭配結果完成象限圖。

■ 依照你準備的不同菜餚將你的餐酒搭配感受填入下表。

請記住混合菜餚中的所有食材（肉、醬汁），以充分了解餐酒搭配的結構。

	料理 A	料理 B	料理 C
葡萄酒 A			
葡萄酒 B			
葡萄酒 C			

法式臘腸、火腿及肝醬

成為熟肉製品商不是一件容易的事，學習過程非常辛苦，因為創造是如此困難。豬肉及其加工品都非常肥膩，這也是它們的美味所在。布里亞—薩瓦蘭說薩拉米香腸（Salami）是肉類加工品的濃縮液（從那時起，日本人就提出了鮮味Umami一詞）。肉食者最喜歡的實際上是火腿和肝醬：「我看到我的兩位叔叔，平時是聰明又勇敢的人，在復活節那天看到火腿切開或肝醬被切開而高興得發呆。」我承認，當我情緒低落時，我會購買半公斤酥餅烤鴨肝、各式肝醬和一些火腿。與一位朋友、一瓶酒享用後士氣就回到了頂點。

❶ 誰提到油脂結構與酸性白葡萄酒是餐酒搭配的首選？得獎首選，試一試吧！從你最喜歡的熟肉品商購買各種各樣的好東西：法式臘腸、火腿、各種肝醬、肉醬、醃燻製的肉品……選三款白酒做搭配。

■ 依據搭配結果完成象限圖。

■ 依照你準備的不同熟肉製品將你的餐酒搭配感受填入下表。

❷ 深入探討
也可以搭配含少量單寧的酸性紅葡萄酒：羅亞爾河的卡本內弗朗（Cabernet Franc）或薄酒萊的加美（Gamay）或陳釀過的紅酒（單寧已經柔化）。
當你學習了紅酒的章節後，請使用紅酒重複此練習。
哪一種酒你認為比較適合呢？

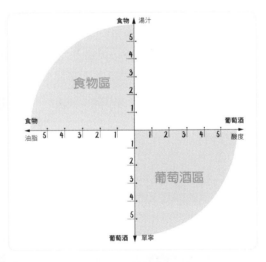

	熟肉製品 A	熟肉製品 B	熟肉製品 C	熟肉製品 D
葡萄酒 A				
葡萄酒 B				
葡萄酒 C				

義大利麵與義大利餃

❶ 準備三道義大利麵食（根據需要，可以選擇新鮮的或乾的麵），上面撒上帕馬森起司。譬如：肉醬義大利麵、青醬蝴蝶麵、義大利餃拌奶油與鼠尾草。挑選三款白葡萄酒準備餐酒搭配。

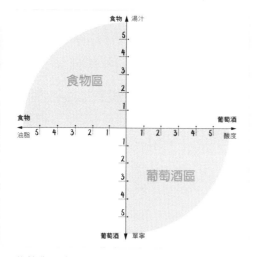

■ 依據搭配結果完成象限圖。

■ 依據你品嚐義大利麵與白酒的結果，將餐酒搭配感受填入下表。你認為哪種白葡萄酒最適合哪道義大利麵？

	肉醬義大利麵	青醬蝴蝶麵	義大利餃 拌奶油與鼠尾草
葡萄酒 A			
葡萄酒 B			
葡萄酒 C			

❷ 深入探討

你覺得義大利麵搭配白葡萄酒還是紅葡萄酒好？直覺地，我們想到了紅酒。電影《四海好傢伙》中餐桌中央義大利麵和紅酒瓶的形象已成為經典。從公正的品味角度來看，辯論是公開的。當你學習了紅酒的章節後，請使用紅酒重複此練習。
你認為哪種酒最合適？請記住，唯一重要的答案就是你的答案。因為這才是你的口味！

披薩、漢堡與壽司

不需要去尋找Taillevent、La Varenne、Vattel、Parmentier、Brillat-Savarin、Carême或Escoffier的文章……你不會發現他們提到披薩、漢堡與壽司的內容。這些是我們這個時代的食物文化。因此，我們必須能夠做它們的餐酒搭配。

這裡有三個簡單的搭配規則：

規則1：披薩最好搭配的是啤酒；如果你喜歡葡萄酒，請嘗試搭配並選擇相應的葡萄酒。

規則2：漢堡與白酒搭配比紅酒更好。如果你喜歡紅酒，請選擇口感輕盈且少單寧的紅酒。

規則3：壽司只適合搭配白葡萄酒或氣泡酒（或清酒）。

❶ 對於每種菜餚，請嘗試選擇三款白葡萄酒。搭配傳統食譜：瑪格麗特披薩、牛肉和切達起司漢堡、鮭魚或鮪魚壽司。

■ 依據搭配結果完成象限圖。

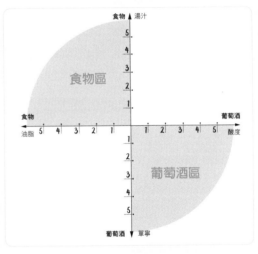

■ 依照你準備的不同菜餚將你的餐酒搭配感受填入下表。

	披　薩	漢　堡	壽　司
葡萄酒 A			
葡萄酒 B			
葡萄酒 C			

❷ 深入探討

至於亞洲美食呢？如果非常辛辣，可以使用甜白葡萄酒或略甜的粉紅葡萄酒（請參閱課程13，練習3）。如果你不喜歡這些搭配，可以嘗試啤酒或白葡萄酒。盡量避免紅酒。

課程 6

驚奇的搭配

白酒與起司？

莫札瑞拉起司搭配的練習使我們走上了正確的軌道。實際上，起司搭配白葡萄酒是較佳的，這是破壞法國美食的神話。布里亞—薩瓦蘭從來沒有想過將起司和紅酒結合在一起，他描述了一位負擔不起甜點的客人：「甜點是慶祝用的，他神氣地獻出自己的甜點，只保留了一塊起司和一杯馬拉加（Malaga）葡萄酒做為甜點。他從未安排預算給甜點。」起司和白葡萄酒搭配？這訣竅能充分滿足一個與起司成功配對的人生。如果你想改善口感，請根據起司的酸度或牛奶類型進行分類。脂肪含量最高的起司是羊奶起司（7.8%），為牛奶（3.4%）和山羊奶的兩倍。至於酸度，三種奶都處於相同的水平，但是羊奶的酸性較低，因為它含有較多脂肪。

起司家族分類

哪種起司你會搭配哪種酸度高的葡萄酒？酒精含量高的葡萄酒？下面的表格將為你提供一些答案。

乳脂含量7.8%

乳脂含量3.4%

乳脂含量3.4%

比較不酸的

帕瑪森起司
Parmesan

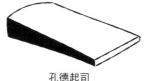
孔德起司
Comté

歐梭依哈堤起司
Ossau-iraty

勒布洛雄起司
Reblochon

58

起司的餐酒搭配

起司的種類	起司舉例	餐酒搭配舉例
❶ 軟質起司與發霉外皮（木耳和黴菌的味道）	Brie, camembert, brillat-savarin, chaource, coulommiers	干白酒，酸度／酒精度結構平衡：熟成麗絲玲、羅亞爾河Savennières AOP、布根地橡木桶陳年白酒、老香檳
❷ 軟質起司與水洗外皮（濃厚的味道與苦味，動物和森林地面的氣味）	Munster, livarot, maroilles, pont-l'évêque, époisses, langres, carré de l'est, soumaintrain et Herve	干白酒，帶有稍高酒精濃度的：灰皮諾（Pinot Gris）、布根地meursault, pouill y-fuissé、教皇新堡白酒、朗格多克白酒
❸ 熟的硬質起司（帶有鹹、辛辣和果味）	Comté, emmental, gruyère, gouda extra-vieux	干白酒，具有平衡的酸度／酒精度，以及在舊橡木桶中熟陳，與陳年起司一樣具有氧化感：侏羅葡萄酒、不甜的格烏茲塔明那、羅亞爾河Sancerre AOP、pouilly fume AOP、Savennières AOP
❹ 生的硬質起司（花果味和鹹味）	Tomme de Savoie, cantal, saint-nectaire, reblochon, morbier, port-salut	具有良好酸度的白葡萄酒：布根地Chablis AOP、羅亞爾河Sancerre AOP、pouilly fume AOP、muscadet sur lies
❺ 各種成熟度和種類的山羊起司（帶有酸度及鹹味）	Crottin de chavignol, pouligny-saint-pierre, valençay, saint-maure	具有酸度的白葡萄酒：羅亞爾河Sancerre AOP、pouilly fume AOP、年輕的麗絲玲、布根地Chablis AOP、muscadet AOP
❻ 藍紋起司（濃郁的鹹味、甜味和穀氨酸帶來的持久風味）	Roquefort, gorgonzola, bleu d'auvergne, fourme d'Ambert, stilton	帶有殘糖的白葡萄酒
❼ 帕瑪森乾酪（持久的花香風味，讓人聯想到雞湯：含有穀氨酸鹽）	Parmesan	干白葡萄酒（所有可能性）或氧化風格紅葡萄酒！

比較酸的 →

奧弗涅藍起司
Bleu d'auvergne

卡門貝爾起司
Camembert

埃帕瓦思起司&夏勿斯起司
Epoisses, Chaource

新鮮山羊起司
Chèvre frais

危險的餐酒搭配

在探索這一點時,將注意力放在配對非常困難的元素會很有幫助。我們稱它們為危險的餐酒搭配。如果這些成分出現在你的菜單內,請嘗試將其稀釋,飲用餐桌上的水漱漱口,或嘗試與啤酒或白蘭地搭配一些特殊的食物。

一則軼事

我記得一次和朋友吃飯變成了餐酒搭配的災難。一位想要所有菜都加上醃漬鰻魚,另一位點了油醋朝鮮薊,第三位不喝酒。即使用麵包和水清口,羅亞爾河的葡萄酒口感還是很酸,這樣的餐酒搭配令人不愉悅。我們已經等不及甜點(熔岩巧克力蛋糕)。令侍酒師感到驚訝的是,我們點了一瓶波爾多紅葡萄酒。這是一種享受。

檸檬、醋、香辛料、辣椒

我們已經注意到檸檬汁是危險的餐酒搭配之一。我們可以在菜餚內添加葡萄酒醋調味。太多的香料,尤其是大蒜,和辣椒一樣,會使菜餚無法平衡。與非常辣的菜餚搭配時,應使用葡萄酒以外的飲料,例如清酒、啤酒、烈酒或甜酒。

非常鹹或帶有煙燻味的菜餚

醃漬鰻魚真的很難配對。作者承認並不為之瘋狂,但是如果涉及到你,請小心和謹慎選擇搭配。一種方式是選擇水,另一種是降低鰻魚的使用量。富含單寧的紅葡萄酒效果很好,但通常你會想要白葡萄酒。來一杯伏特加如何?(有關此主題,請參閱課程15)**牡蠣**在危險餐酒搭配的範圍內找到了自己的位置,因其極高的鹽度需求充滿酒精的酒,蒸餾酒尤為合適。不要為這些貝殼犧牲你最好的白酒,這不值得。但是如果你堅持要喝,那就搭配奶油麵包與牡蠣,用水漱口,然後喝一口酒,這樣表現更好。話雖如此,即使採取了所有這些預防措施,配對仍是困難的,單獨飲用的葡萄酒比吞下牡蠣後的葡萄酒令人愉悅得多。**煙燻鮭魚**與紅葡萄酒搭配會比白酒更加漂亮。對於燻製魚類,與所有葡萄酒搭配都不是危險的,只有搭配白葡萄酒才是危險的。

非常苦或非常甜的菜餚

朝鮮薊由於含有苦味也很難搭配。最好選擇紅酒以達到遮蓋效果(請參閱課程9)。一些白葡萄酒也可以搭配,但你必須實際嘗試。如果你喜歡油醋朝鮮薊,那麼實際上只有水可以搭配。否則,請嘗試喝啤酒(請參閱課程14)。**鵝肝**是一道經典搭配Sauternes或Barsac貴腐酒的菜餚。不幸的是,糖加油脂的搭配使口感很重。如果我們挑選白葡萄酒但無殘糖,則可能會發現葡萄酒變稀。因此,有必要提倡蒸餾酒(eaux-de-vie):琴酒(Gin)甚至是蘭姆酒(課程15練習3)。

風土條件的餐酒搭配

風土條件(terroir)的餐酒搭配通常有效,但不是系統性的。讓我們介紹一些配對效果很好的搭配:布根地紅酒燉牛肉(bœuf bourguignon)或布列斯雞(poularde de Bresse)搭配布根地葡萄酒,阿爾薩斯酸菜(choucroute)配阿爾薩斯白葡萄酒(或啤酒)。里昂豬肉料理(cochonnailles)配薄酒萊紅酒(beaujolais gamay)很好,但與白葡萄酒搭配也不錯(請參閱課程5練習10)。最後,讓我們介紹一個根本不起作用的配對:隆格多克picpoul de-pinet AOP和來自Thau的牡蠣(請參見上述配對牡蠣的難度)。

小竅門

對於危險的餐酒搭配,不需要象限圖:原則是避免它們。

危險的餐酒搭配

香辛料

醋

檸檬

辣椒

煙燻及鹹味菜餚

各式起司

傳統上，餐後提供的起司會搭配紅酒。從味覺角度來看，這搭配並不令人滿意。請嘗試使用白葡萄酒的酸度與起司的脂肪搭配。準備以下起司，根據其酸度做水平分類：

比較不酸的 ←————————————————————→ 比較酸的

| 帕瑪森起司 Parmesan | 孔德起司 Comté | 歐棱依哈堤起司 Ossau-iraty | 勒布洛雄起司 Reblochon | 奧弗涅藍起司 Bleu d'auvergne | 卡門貝爾起司 Camembert | 埃帕瓦思起司&夏勿斯起司 Epoisses, Chaource | 新鮮山羊起司 Chèvre frais |

你會搭配哪種起司與酸度最高的葡萄酒？
哪種起司搭配與酒精含量高的酒？
■ 依據每種起司和白葡萄酒搭配結果完成象限圖。

最後只有一種解決方案：品嘗。
你必須嘗試搭配各種起司和葡萄酒。
這不是個令人討厭的練習。

(象限圖：縱軸上方 食物／湯汁 5 4 3 2 1，橫軸 油脂 5 4 3 2 1 葡萄酒 酸度 1 2 3 4 5，縱軸下方 葡萄酒／單寧 1 2 3 4 5，食物區、葡萄酒區)

■ 將你的餐酒搭配感受填入下表。

	帕瑪森起司	孔德起司	歐德依哈堤起司	勒布洛雄起司	奧弗涅藍起司	卡門貝爾起司	埃帕瓦思起司&夏勿斯起司	新鮮山羊起司
葡萄酒 A								
葡萄酒 B								
葡萄酒 C								

當心油醋

❶ 拿些沙拉葉製作沙拉。第一碗沙拉用油、鹽和胡椒粉調味，另外一碗則用橄欖油、鹽、胡椒粉和葡萄酒醋調味。嘗試與白葡萄酒搭配並記錄你的感受。

調味沙拉	含葡萄酒醋沙拉

❷ 現在，按照步驟順序嘗試以下搭配：

1. 吃一葉用葡萄酒醋調味的沙拉。
2. 吃一口麵包，慢慢咀嚼。
3. 喝一口水，輕輕用水漱口。
4. 吞入少量酒。

如此搭配效果更好嗎？

■ 記錄你的餐酒搭配感受。

還有牡蠣

❶ 準備一些牡蠣，我們嘗試將它們與白葡萄酒配對。傳統上，我們建議搭
配葡萄酒法定產區是在海邊或擁有酸度較高的葡萄酒：羅亞爾河的蜜斯
卡得，隆格多克的picpoul de pinet、布根地的小夏布利（Petit Chablis）。
■ 記錄你的感受。

蜜斯卡得

Picpoul de pinet

小夏布利

....

❷ 現在，按照步驟順序嘗試以下搭配：
1. 吃一口牡蠣。
2. 咬一口奶油麵包，慢慢咀嚼。
3. 喝一口水，輕輕用水漱口。
4. 吞入少量葡萄酒。
這樣的搭配效果更好嗎？
■ 記錄你的感受。

❸ 深入探討
最後，嘗試將牡蠣與凍飲伏特加酒搭配（請參閱有
關eaux-de-vie的章節）。
■ 記錄你的感受。

再來點煙燻鮭魚吧！

❶ 取一些煙燻鮭魚，然後在上面擠上一些檸檬汁。嘗試將其與白葡萄酒搭配。
  ■ 記錄你的感受。

❷ 現在，按照步驟順序嘗試以下搭配：
  1. 吃一片煙燻鮭魚。
  2. 吃一口麵包，慢慢咀嚼。
  3. 喝一口水，輕輕用水漱口。
  4. 吞入少量酒。
  這樣的搭配效果更好嗎？
  ■ 記錄你的感受。

❸ 深入探討
  最後，嘗試將煙燻鮭魚與紅葡萄酒配對（請參見相應的章節）。
  ■ 記錄你的感受。

第二章

紅葡萄酒的世界

本章將提供了解紅酒世界的關鍵。透過本章你將掌握單寧和平衡的基本概念，關於酸度和酒精的基本已經在相關白葡萄酒章節中進行討論。完成這些課程後，你將能夠通過使用象限圖圖像化地顯示餐酒搭配，這是本書中的一項教育創新。結論是，你將能搭配所有紅酒與所有可能的菜餚做餐酒搭配。

綜合練習是最頻繁的餐酒搭配的切入點。舉個例子，如果你想做一道烤臀肉牛排，你可以參考「牛肉、羊肉和馬」的練習來探討紅肉。

我們將通過布里亞—薩瓦蘭的《品味生理學》（*Physiology of Taste*, 1825年）的練習做介紹，該著作被認為是將美食提升至藝術水平的文本。

紅葡萄酒的特點

所有不甜的紅葡萄酒都基於三個主要成分：**酸度結構、酒精結構和單寧結構**。讀者會發現談論酸度和酒精的成分時與白葡萄酒一樣，附加涉及的是單寧，白葡萄酒和紅葡萄酒之間本質區別在於此一特徵。與紅酒不同，白葡萄酒不含單寧。在本課程的最後，你可以將任何紅酒放在三成分圖上，即酸度／酒精／單寧，專家稱之為「維德爾三角形」（triangle de Védel）。此圖等效於針對白葡萄酒的兩成分圖（酸度／酒精）。專家說，紅葡萄酒是三維葡萄酒（酸度、酒精、單寧酸），白葡萄酒則是二維葡萄酒（酸度、酒精）。我們也稱為三極和雙極葡萄酒。

注意

在橡木桶中陳年的白葡萄酒具有非常輕的單寧結構。你會感覺到臉頰內部、舌尖粗糙，尤其是當這些葡萄酒在年輕時品嘗。（課程5複習）

酸度與酒精

一如白葡萄酒，酸度對紅葡萄酒的結構相當重要，口中有刺刺的感覺（舌頭、臉頰內部、上顎）。另一方面，酒精分子在口中則造成柔軟、天鵝絨般的口感和偽熱感。

單寧：新成分

單寧的味道如何？這是一個新的認識。它會導致口腔、舌頭、臉頰內側有**乾燥感，有時變得粗糙**。更準確地說，單寧酸在口腔黏膜中轉化某種蛋白質，進而降低了唾液的流動性。對初學者來說，要感覺到單寧感並不容易，因為它常常與其他感覺結合在一起。這是個詞彙的問題，專家說**澀味**是單寧的代名詞。澀味不是甜味、鹹味、苦味、酸味或鮮味，這是一種觸覺。單寧「品嘗」不出來，但可以通過使口腔乾燥感覺到。人們在茶、咖啡、黑巧克力、朝鮮薊、柿子中常發現單寧。對我的學生，我給出了一個無懈可擊的技巧來感受澀味：咬入富含單寧的葡萄籽，口腔內部發生的反應，即舌頭上的粗糙，恰好是單寧。

單寧從哪裡來？

除了葡萄的種子外，葡萄皮中也富含單寧。在紅酒釀造過程中，葡萄皮會浸入並與汁液一起發酵。顏色和單寧從皮轉移到葡萄汁，發酵後變成葡萄酒。在白葡萄酒釀造過程中，果汁在發酵之前就壓榨了，單寧幾乎不會轉移到果汁中，因此也不會轉移到葡萄酒中。

其他類型的浸泡方式

當我們將白葡萄的汁液浸入皮中時，我們會做出一種葡萄酒：橘酒。這些葡萄酒通常具有氧化作用，並且具有奇特風味。此外，當我們將紅葡萄汁與葡萄皮進行短時間浸泡時，會做出粉紅葡萄酒。（請參閱課程13）。

紅葡萄酒的成分

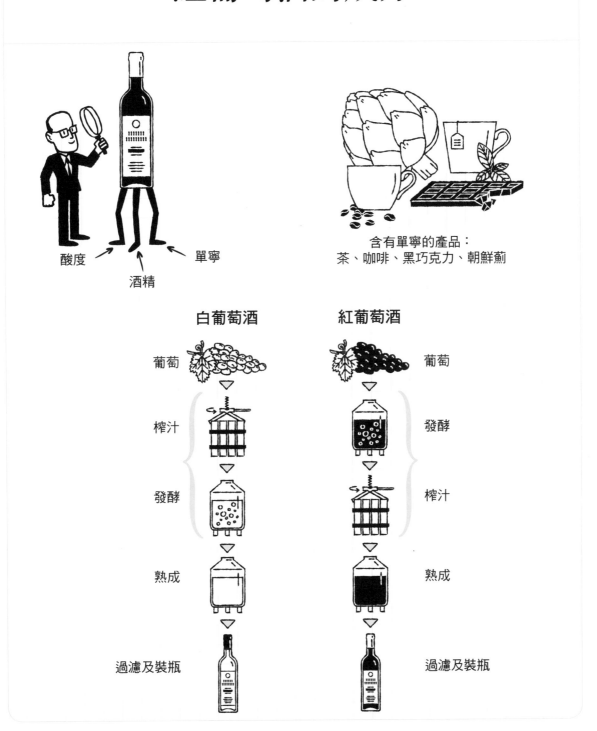

酸度　　　　　　　單寧

酒精

含有單寧的產品：
茶、咖啡、黑巧克力、朝鮮薊

白葡萄酒　　　　　　　紅葡萄酒

葡萄　　　　　　　　　　　　葡萄

榨汁　　　　　　　　　　　　發酵

發酵　　　　　　　　　　　　榨汁

熟成　　　　　　　　　　　　熟成

過濾及裝瓶　　　　　　　　　過濾及裝瓶

三維圖：酸度 / 酒精 / 單寧

這個圖表非常重要。它使你可以將世界上所有的紅酒按照三種成分分類：酸度、酒精和單寧。專業人士稱為**維德爾三角形**，以紀念 INAO（Institut national de l'origine et de la qualite）前檢查員安德烈‧維德爾（André Védel）。葡萄酒的結構在與食物搭配中扮演著至關重要的作用，單寧的作用將在稍後向你透露。你已經熟悉酸度和酒精的角色。在三維圖中，當酸度、酒精和單寧這三種成分恰好平衡時，葡萄酒將位於中間，並且被認為是**平衡**的。當一種成分優於另二種成分時，葡萄酒會趨向於該成分。如下頁圖所示，我們有幾個不同領域。探討不甜的紅葡萄酒，你的任務是評估酸度、酒精度和單寧（或澀味）的相對含量。

學習將食物和葡萄酒配對是建立在感知概念的基礎上。我們不會像這樣對葡萄酒的化合物進行評估——實驗室測試比人類更可靠。這邊的挑戰在於學習對感覺進行分類並能夠正確描述它們。

溫度的作用

如何影響葡萄酒的單寧感？我們想到冰箱，它是成功餐酒搭配的重要工具。當葡萄酒溫度較低時，單寧感會增強，酒精的感覺會減弱；當葡萄酒變熱時，單寧感降低，而酒精的感覺會增加。這樣更容易理解為什麼單寧含量高的波爾多或西南葡萄酒應在17/18℃下飲用。溫度較低時，單寧感會變高。相反的，單寧少的布根地或薄酒萊葡萄酒則適於15/16℃的溫度。如果溫度更高，單寧結構將太弱。

結 論

降低溫度會增強架構（酸度和單寧）並降低圓潤度（酒精度）。升高溫度會降低架構（酸度和單寧）並增加圓潤度（酒精度）。家用冰箱的溫度：5-6℃；室溫：最低21-22℃。

醒 酒

單寧如何隨時間變化？它們會聚合。這個術語意味著在酒窖裡藏了幾年後，單寧的感覺變得比較柔順。如果你的酒單寧太高，請等幾年再打開酒。這個理論聽起來可行，但我們總是沒有等待的耐性。我們如何才能或多或少以人為的方式對葡萄酒進行陳釀？感謝醒酒器這個物品。在醒酒過程中，葡萄酒會吸收氧氣，模擬了從幾個月到一兩年的老化過程。在此操作中，醒酒器的品質實際上並不重要。為了將液體與周圍的空氣（氧氣）接觸，必須注意充分搖勻葡萄酒。然後，你可以靜置幾分鐘再開始飲用。

避免醒已經很老的葡萄酒，因其單寧已經融化。你可能會打亂葡萄酒結構或破壞其中殘留的單寧。這些葡萄酒應細心處理，注意不要使其與空氣中的氧氣接觸過多。

葡萄酒在三角形上移動

隨著陳放時間，葡萄酒會失去單寧含量，在維德爾三角形中會垂直下降。酒精和酸度的移動很少，儘管對這些物質的看法可能會改變。當葡萄酒陳年之後，幾乎沒有單寧殘留。它是「無骨的」「憔悴的」「扁平的」。侍酒師想要挽救這種葡萄酒時，譬如說，該瓶酒具有感性層面的價值（你的出生年份酒），則會在醒酒過程中添加一茶匙的波特酒（Porto）。這個手法使人們有可能飲用原本已經憔悴的葡萄酒。為避免這樣的情形發生，最好的辦法是控制酒窖中葡萄酒的陳年，以便在最佳狀態飲用。如何進行控制？通過品飲你的酒，最好與食物一起搭配。這是一石二鳥的做法，通過同時品飲酒款的品質和測試餐酒搭配，這並不是不愉快的操作方式。

紅葡萄酒的三維圖

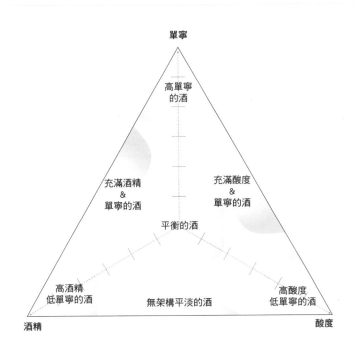

單寧

高單寧
的酒

充滿酒精
&
單寧的酒

充滿酸度
&
單寧的酒

平衡的酒

高酒精
低單寧的酒

無架構平淡的酒

高酸度
低單寧的酒

酒精

酸度

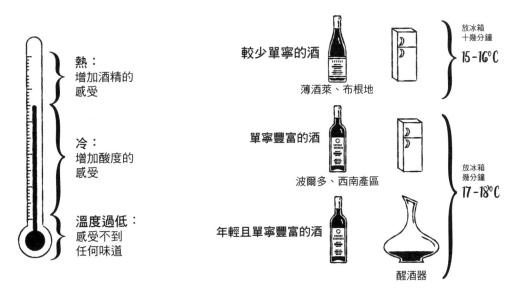

熱：
增加酒精的
感受

冷：
增加酸度的
感受

溫度過低：
感受不到
任何味道

較少單寧的酒

薄酒萊、布根地

放冰箱
十幾分鐘
15-16℃

單寧豐富的酒

波爾多、西南產區

放冰箱
幾分鐘
17-18℃

年輕且單寧豐富的酒

醒酒器

第一項比較

❶ 第一種餐酒搭配是最明顯的。請取兩塊巧克力，一塊黑巧克力和一塊白巧克力。讓巧克力在你的口中融化，需要一些時間。請問兩塊巧克力中是否有一塊能使口感和舌頭更乾燥？
■ 記錄你的感受

黑巧克力

白巧克力

....

❷ 現在沖泡不加糖的黑咖啡。首先純品嘗咖啡。然後享用一小塊黑巧克力，慢慢讓它在你的口中融化。再喝一口咖啡。咖啡是否變得比較不粗糙？
■ 記錄你的感受。

純黑咖啡

咖啡搭配黑巧克力

....

我的第一種餐酒搭配

❶ 讓我們直接進入正題。請準備一款家中有的紅酒，任
　何一款皆可，在現階段沒關係。品嘗葡萄酒，嘗試著
　重於三部分的平衡：酸度、酒精和單寧。
　■ 記錄你的感受。

❷ 重複上一個練習中的黑巧克力部分。輕輕地在嘴裡融
　化一塊，然後喝一口酒。你覺得葡萄酒變得如何？相
　較於前一次純喝葡萄酒有什麼變化？在三維圖上標出
　品嘗過巧克力後的葡萄酒。在你看來，單寧與前一個
　相比表現如何？

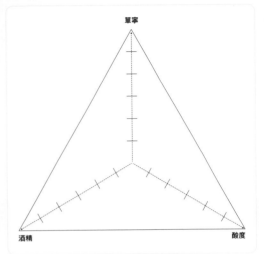

■ 請嘗試把葡萄酒放在上面的三維圖中。

我的第一款紅酒

你肯定知道一款對你而言非常（太）高單寧的紅酒。否
則，去你最喜歡的酒商那裡拿一瓶酒，要特別強調這一
點。葡萄酒不必很昂貴。以澀味聞名的產區是西南（馬
爾貝克Malbec葡萄）的Cahors AOP。品飲一下。你能從
酸度和酒精的感覺中區分出單寧的感覺嗎（單寧的感覺
會使臉頰內部和舌頭內部變乾一點）？
■ 記錄你的感受。

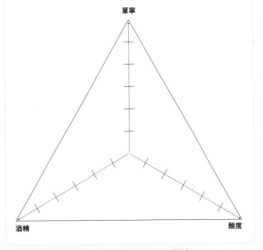

■ 請嘗試把葡萄酒放在上面的三維圖中。

葡萄酒中含糖？令人震驚！

❶ 上一個練習中的紅酒看起來是否高單寧？請嘗試以下技巧。將半瓶或375 cc（相當於3杯）葡萄酒倒入一個小容器中，然後倒入半茶匙糖（2.5克），混合均勻後重新品飲葡萄酒。該酒對你而言單寧變少了嗎？酒精的感覺增加了嗎？

　　■ 記錄你的感受。

■ 請嘗試把葡萄酒放入下面的三維圖中。

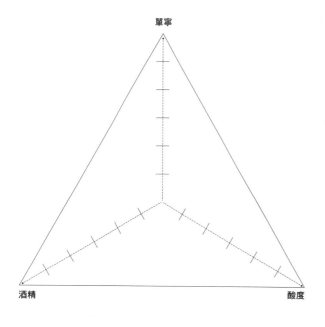

❷ 在圖中對不同的紅酒進行排名並進行比較。你最喜歡什麼葡萄酒？你不喜歡的是哪些？這會讓你對自己的口味有所了解。

深入探討

酸度／酒精／單寧的三維圖（著名的維德爾三角形圖）專門分類不甜的紅葡萄酒。在這個階段，每次品飲時你都可以在圖上寫下想要保留的葡萄酒，這對未來很有幫助。因此，你將很快能夠分析出葡萄酒是注重酸度、酒精或單寧，以及你更喜歡哪種葡萄酒。

冰箱，我的第一位盟友

❶ 將上一練習中含單寧的紅酒（未經調整）放入冰箱中兩個小時，另一部分置於室溫下，最後第三部分其精確地置於17-18℃（例如，在冰箱中放置一小段時間後）。依照上述做法，你應該會有5/6℃左右的冷紅酒、21-22℃左右的紅酒，以及推薦的品嘗溫度（即17-18℃）的紅酒。品飲這三種葡萄酒。哪一款你感受到較高單寧呢？有沒有哪一款葡萄酒似乎更富含酒精？是17-18℃的溫度下品嘗的紅酒嗎？目前你最喜歡的葡萄酒是什麼？

■ 記錄你的感受。

5-6℃葡萄酒	17-18℃葡萄酒	21-22℃葡萄酒

■ 請嘗試把葡萄酒放在下面的三維圖中。

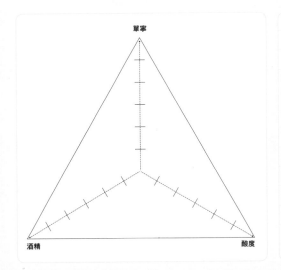

❷ 請教你，如果葡萄酒的單寧感太高，飲用溫度是否可以不受限制？

75

醒酒器內的酒

如何服務一款富含單寧的葡萄酒？透過將其放在醒酒器中。必須小心搖動酒液，以使其在醒酒器中通風良好。請拿之前練習中富含單寧的紅酒。在理想的溫度下倒入酒杯中，然後倒出半瓶至醒酒器內，讓葡萄酒接觸空氣至少五分鐘。再倒另一杯，比較這兩杯葡萄酒。哪款酒單寧較高呢？

■記錄你的感受與葡萄酒的三維圖。

直接倒的葡萄酒	進醒酒器的葡萄酒

■將兩款品飲的酒放入三維圖中。

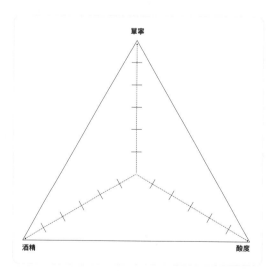

尋找平衡點

我們還是用同樣的紅酒，先找到溫度平衡點，這是該葡萄酒的適當飲用溫度。單寧（澀味）的感覺必須與酸度（新鮮）和酒精（熱）的感覺平衡。如你想像的，這個概念有些主觀，這是最適合你的平衡點。
重要的是要了解如何感受它。嘗試一瓶預先冷卻並在測試過程中可以回溫的葡萄酒。

■記錄你的感受以及葡萄酒的溫度。

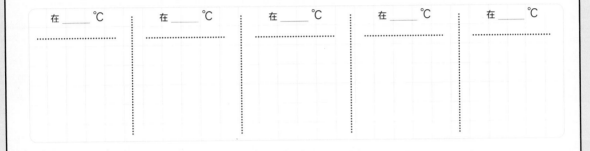

在 ＿＿ ℃　　在 ＿＿ ℃　　在 ＿＿ ℃　　在 ＿＿ ℃　　在 ＿＿ ℃

■在三維圖中分類你測試的酒款。

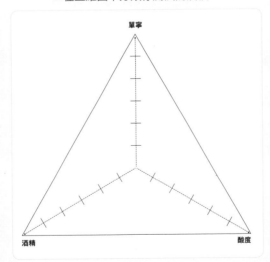

紅葡萄酒的地理位置

平　衡

如我們所見，紅酒在酸度、酒精和單寧之間找到了平衡。目前課程在這一點上，你應該能夠感受到一種感覺是否優先於其他感覺。在這種情況下，它是葡萄酒的主調，就像交響曲的調子一樣。這並不意味著葡萄酒不平衡。葡萄酒的平衡是取決於你的喜好，這是**個人觀感**問題，有些人喜歡含酒精度更高的葡萄酒，其他人則偏好酸度，還有一些喜歡單寧豐富的葡萄酒。對這些看法的偏好，可能會隨著日程、品嘗環境甚至一生的時間而變化。

一則軼事

當我第一次開始學習葡萄酒時，單寧並沒有使我失望。我甚至尋找更高單寧的葡萄酒，我偏好紅酒而不是白酒。隨後，我意識到一些精湛的葡萄酒值得世界上所有的黃金。在我腦中有了一個平衡的概念，但無法很好地解釋它，我一直在尋找這樣的葡萄酒，這與味道緊密融合在一起，促使人們又喝了一杯。永不疲倦的葡萄酒是我熱愛葡萄酒的首要追求。

葡萄酒中的單寧有什麼作用？

單寧可以保護葡萄酒免於氧化，從而延長陳年實力。橡木桶或木片也會添加單寧到葡萄酒中。因此，相較於其他白葡萄酒，在桶中熟成的白葡萄酒更能防止氧化。單寧是保存動物皮革的起源，透過將蛋白質轉化為防腐材料起作用，鞣製過程將動物皮轉變為一種非常耐用的材料，稱為皮革。在葡萄酒中，我們可以將單寧分為兩種：來自葡萄皮和種子以及來自橡木桶中的鞣花單寧（ellagitannins）。橡木桶熟成的白葡萄酒會產生單寧感（澀味），橡木桶熟成的紅葡萄酒則顯得更柔軟。這種明顯的討論是由於橡木桶陳年的另一個結果：緩慢的微氧化作用會讓紅酒有些「老化」並軟化葡萄酒的單寧。當葡萄酒在瓶中陳年時，會發生相同的狀況：單寧會漸趨柔和，形成抗氧化的遮蔽層，並允許三級香氣產生。請留意，單寧的原文一或兩個n皆可：tannins或tanins。

法國紅酒清單

如果以法國的所有產酒地區來看，你可以輕易地發現，**南部的紅酒單寧含量較高，北部地區的較低**。在地圖上我們可以北緯45度畫分為兩個區域，南邊區域圍繞波爾多和瓦倫西亞（還包括義大利的杜林、米蘭和的里雅斯特）。

因此，以下地區可釀製**較高單寧**葡萄酒：
— 波爾多地區
— 普羅旺斯
— 西南地區
— 隆格多克—胡西雍
— 隆河

以下地區則提供**單寧含量較低**的葡萄酒：
— 阿爾薩斯
— 薄酒萊
— 薩瓦
— 羅亞爾河
— 布根地

隆河谷地區很特別，因為它分為南北兩區。請留意希哈（Syrah）盛產於北部，單寧豐富（hermitage, côte-rôtie）。

法國紅酒地圖

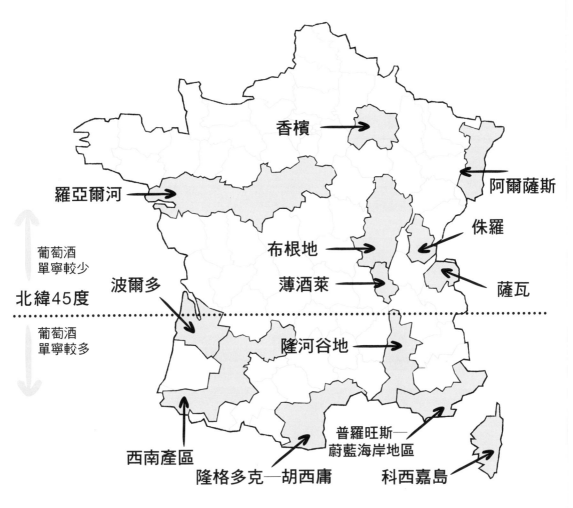

來自南部AOP的 較高單寧紅葡萄酒	來自北部AOP的 較低單寧紅葡萄酒
— 聖愛美濃、波美侯、格拉夫、梅多克（波爾多） — 邦斗爾（普羅旺斯） — 卡歐、馬第宏（西南產區） — 艾米達吉、羅第丘（côte-Rôtie）（隆河）	— 黑皮諾（阿爾薩斯） — 蒙德斯（薩瓦） — 布戈憶、希儂（羅亞爾河） — Morgon, Brouilly（薄酒萊） — Beaune,Gevrey-chambertin, Rully（布根地）

各產區在酸度／酒精／單寧三維圖中的位置

將你所知的干型紅葡萄酒列出清單來做比較，這樣可以讓你推估出每個產區的相對平衡。當然，這只是個大方向，不足以代表產區的所有酒款。我們能在羅亞爾河產區找到重單寧的紅酒，如同西南產區也有單寧清淡的紅酒。

小竅門

請相信自己的感官，它們很少出錯。如果某一款酒讓你明顯感受到單寧，請遵循你的直覺，通常，第一印象都是正確的。

區域三角圖

維德爾三角形的主要原理是葡萄酒中的酸度、酒精與單寧三者之間的平衡，但也可以使用在葡萄酒產區的練習；例如用來評估布根地夜丘（côte de Nuits）、伯恩丘、夏隆內丘（côte Chalonnaise）與馬貢的紅酒，或是波爾多梅多克、格拉夫、聖愛美濃與波美侯的紅酒。每個產區甚至其下的副產區都能夠做出專屬的維德爾三角圖，用以區分不同生產者之間酒款的差異。

單寧與葡萄品種

我們是否能藉由葡萄品種對單寧進行分類？絕對可以。某些品種比其他品種含有更多的單寧，卡本內蘇維濃（Cabernet Sauvignon）就比梅洛有著更多的單寧。波爾多河岸左邊的梅多克紅酒比河岸右邊的聖愛美濃紅酒來得更富含單寧，前者以卡本內為主，而後者使用較多的梅洛。

這話題的討論又因著葡萄果實的單寧成熟度而變得複雜；專家稱之為酚類成熟度。如果在單寧完全成熟之前採摘葡萄，它們會顯得更綠、更硬、更苦。

我們能在白葡萄酒中發現單寧嗎？

紅酒中的單寧1-4 g/l，白酒中的單寧0.1-0.3 g/l。我們幾乎不會注意到未經橡木桶熟成的白酒之中的單寧。

到目前為止的進度測驗

如果你有一款低單寧的紅酒；像是薄酒萊村莊級紅酒，如何賦予它更多的架構？

答案：你必須降低酒的溫度，如此一來酒的單寧感會提升。

布根地式的均衡

很榮幸的，維爾德三角形似乎向布根地傾斜，如我們所知，均衡與否完全取決於個人主觀。若你偏好波爾多酒，布根地酒的單寧對你而言就可能太過清淡，因此酒會顯得不夠均衡。但重點不是糾結在三角形中分布的位置，而是了解酸度、酒精與單寧這三種成分在酒中的交互作用下的均衡，還有與餐點做搭配時的交互作用，這才是我們該堅持的重點。

高單寧的葡萄品種	低單寧的葡萄品種
─ 卡本內蘇維濃 ─ 卡本內弗朗 ─ 馬爾貝克 ─ 慕維德爾（Mourvèdre） ─ 希哈 ─ 塔那（Tannat, 記住這名字）	─ 梅洛（相較於卡本內） ─ 加美 ─ 黑皮諾（Pinot Noir） ─ 格納希（Grenache, 相較於慕維德爾、希哈與卡利儂Carignan）

產區在酸度/酒精/單寧的分布圖

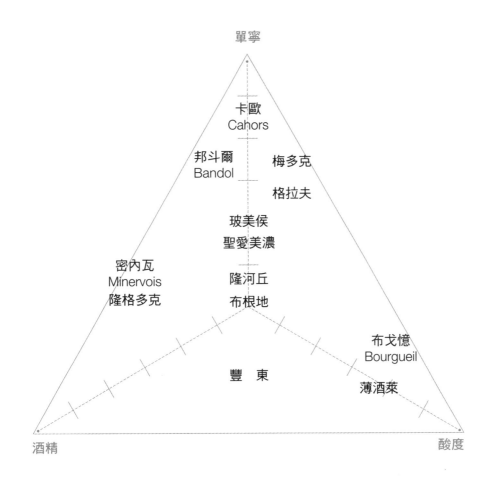

刻度

我們使用一組帶著五種等級的刻度量表，讓一名新手品飲者能夠像專家的感官分析評估般，輕易地對一個刺激源分辨出五種強度等級。數字刻度將有效地幫助我們準確地傳達建議的餐酒搭配。■

南北漫遊

❶ 取三款不同的紅葡萄酒：
- 第一款來自以高單寧著名的產區，例如卡歐。
- 第二款可以是隆河丘或是隆格多克，例如一款Saint-Chinian（聖希儂）或是介於兩者之間的酒款。
- 最後，第三款酒將是一款來自法國北邊的酒，一款布根地的黑皮諾或來自薄酒萊的加美。

將這三款酒的服務溫度設定成一樣：16-18℃，品飲它們並記錄下感受。
- 接著使用三維圖來分類這些不一樣的酒款。

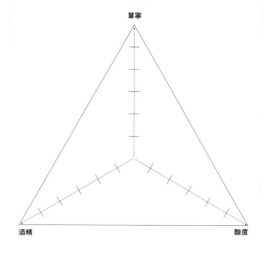

哪一款酒是對你而言是最平衡的？這個觀點是主觀的，建議找一位朋友和你一起做這項測驗，並在不相互影響的情況下，寫下你與他的感受。

你的評估
....

朋友的評估
....

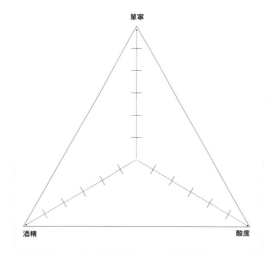

❷ 再做一次測驗，當酒在溫度更高和更低時品飲。哪一款酒讓你感到不平衡？現在哪些特徵凸顯出來了？
- 依序排列這些酒在三維圖中並寫下你的感受。

你的評估 | 朋友的評估
.... | ....

一個地區，所有的葡萄酒

❶ 取兩款來自同地區不同產區的紅葡萄酒。這個練習目
的是感知在同一個地區裡面不同產區／釀造者的酒款
中不同的成分組成（酸度、酒精、單寧）。
例如，針對波爾多地區，比較一款梅多克和一款聖愛
美濃。針對隆河谷地區，比較一款Gigondas（吉恭達
斯）和一款Crozes-Hermitage（克羅茲—艾米達吉）
。針對布根地，比較一款夜丘與一款伯恩丘。
將做比較的兩款酒的服務溫度設定成一樣：16-18℃
，品嘗它們並寫下你的感受。

　■ 接著使用三維圖來分類這些不一樣的酒款。

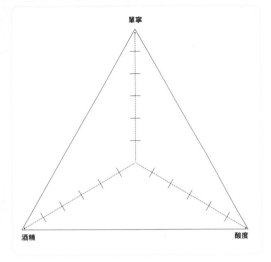

哪一款酒是對你而言是最平衡的？這個觀點是主觀的，建議找一位朋友和你一起做這項測驗，並在不相互影
響的情況下，寫下你與他的感受。

你的評估	朋友的評估

❷ 再做一次測驗，當酒在溫度更高和更低時品飲。哪一款酒讓你感到不平衡？現在哪些特徵凸顯出來了？

　■ 寫下你的感受。

你的評估	朋友的評估

❸ 依照它們的單寧來區分以下布根地的酒款（葡萄品種皆為黑皮諾）：
☐ Gevrey-chambertin　　☐ Nuits-saint-georges　　☐ Rully　　☐ Beaune

法國以外的葡萄酒

❶ 在這個階段的課程中，你必須在沒有成見之下，僅是
單純地品飲這些酒款；透過三維圖來測量分類這些紅
葡萄酒的酸度／酒精／單寧組成。
操作方式：取三款法國以外的不同紅葡萄酒，例如義
大利、西班牙，或是新世界國家的釀造者如澳洲或南
非。
將這三款酒的溫度設定成一樣：16-18℃。
■ 品飲它們並寫下你的感受。
■ 接著使用三維圖來分類這些不一樣的酒款。

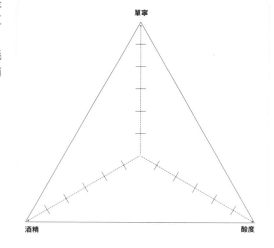

哪一款酒是對你而言是最平衡的？這個觀點是主觀的，
建議找一位朋友和你一起做這個測驗，並在不相互影響
的情況下，寫下你與他的感受。

你的評估	朋友的評估

❷ 再做一次測驗，當酒在溫度更高和更低時品飲。哪一款酒讓你感到不平衡？現在哪些特徵凸顯出來了？
■ 寫下你的感受。

你的評估	朋友的評估

你的干型紅葡萄酒分類

執行一組大型的酸度／酒精／單寧三維圖，並將所有你品飲的紅葡萄酒放置其中。隨身保存好這張三維圖，並且在每次品飲干型紅葡萄酒時完善它。你將一點一滴地創造屬於自己的紅葡萄酒單，宛如你通往愛情國度的地圖，而它將全程陪伴你學習葡萄酒。

深入探討

你必須在第一眼，抱歉，是在第一口時測量辨認出酸度／酒精／單寧在干型紅葡萄酒裡的分布。■

綜合練習

❶ 這個練習非常重要，因為它綜合了所有至今的觀點視野。拿幾款之前留下來的紅葡萄酒，或和幾位朋友一起做這個練習，每人帶一瓶酒。按照順序品飲這些葡萄酒（葡萄酒A、葡萄酒B、葡萄酒C），事先不能觀看酒標。將這三款酒的服務溫度設定成一樣：16-18℃。無論如何，在這階段的練習，你必須能夠在沒有溫度計的前提下判斷出最佳的服務溫度。

■ 品飲這些酒款，將之分類在三維圖中並寫下你的感受。

	你的感受	朋友 1	朋友 2	朋友3 ....
葡萄酒 A				
葡萄酒 B				
葡萄酒 C				

❷ 觀看酒標。比較你盲品時的分類圖和不甜紅葡萄酒的理論表（見頁81）。它們有什麼不同？重新品飲這些葡萄酒並做第二次檢測然後寫下你的感受。

❸ 你對葡萄酒的感知會隨著時間而改變。單寧（澀味）代表著一種難以接受的感覺，一開始不是特別吸引人；而當我們開始學習表達它時，它會變得容易親近。完成此課程時，記錄下你喜歡的葡萄酒，當結束課程之後，重做一次練習。你自己的平衡概念是否已有所轉變？

我的紅葡萄酒搭配：
與單寧共舞

前面已提過紅葡萄酒的結構與地理位置，但搭配食物呢？實際上，你已經在第一堂課時執行過兩種搭配：和咖啡以及和巧克力。你已經學習到並理解自己偏好的酒款以及它在酸度、酒精和單寧之間的平衡表現。酒的平衡感實際上是和你口腔黏膜和諧的表現。這是一大重點，因為它決定著接下來的操作。

回想一下

如同我們先前提及，紅葡萄酒是一種三維的產品。首先它約略由三種風味的平衡建立起來：酸度、酒精及單寧。酸度會喚起一種在口中清爽的感覺，而酒精是一種灼熱的感覺，單寧則使你的口腔變乾澀同時和唾液中的蛋白質起作用。對這三種風味的理解，會有利於執行所有紅葡萄酒可能的食物搭配。一個魔法宇宙將在你面前展開。

我們的意圖如同空氣一般，正在無形中校正你的味蕾和認知。一旦經過校正，再也沒有什麼能阻止你在餐酒搭配世界裡的長征。

在餐酒搭配裡
是什麼有利於單寧？

葡萄酒中的單寧占據著兩種功能。第一種是最明顯也是最重要的，**單寧使口腔乾澀**，所以食物搭配應是本質上帶有汁液，或是有一定液體含量在其中。我們當然會想到清湯和濃湯、燜肉或烤肉還有帶血的肉。實際上，成功的餐酒搭配是由兩種相逆的東西結合而展現出來的，專家稱之為換質位法或是對位法。

舉例

一份佐以法式伯那西醬三分熟的牛排必須搭配一款高單寧的葡萄酒；主要是因為肉本身的汁液（來自每塊肉內部的血液）。

單寧的第二種功能是：針對同樣富含單寧的食物實現出一種**隱蔽**的效果。例如在通過吸收葡萄酒達到飽和後，食物的單寧會變得較低（反之亦然）。我們在一開始的章節，關於紅葡萄酒以及黑巧克力的搭配上已經見識過這個效用。除了巧克力，咖啡和茶都富含單寧。在食物中，我們聯想到朝鮮薊與柿子。含有很重單寧的食物並不太多，也不可能藉由添加物像是鹽或糖來強化食物的單寧。隱蔽效果的特性將用在和巧克力類型甜點的搭配上（作者是巧克力慕斯的愛好者）。

如何平衡單寧很高的
紅葡萄酒？

如果一款紅葡萄酒的單寧很高，例如一款年輕的紅葡萄酒，我們當然可以將它醒酒；這個動作可以降低一些澀味。搭配問題上，我們嘗試增加菜餚中的醬汁——如果你利用收汁來調整料理熟度，請多保留一些醬汁。

餐酒搭配象限圖

下頁這張圖是我們最有名的象限圖，用圖像表達餐酒搭配。這個創新的教學法讓你能夠記錄下酒和食物特徵上的不同。在視覺上的傳達濃縮了風味和考究的筆記。它是設計來供初學者使用，但同樣適用於所有程度的品鑑者。我們表示酒和食物的特徵應該是相對的：酒的酸度應平衡食物中的油脂，單寧應平衡食物中的汁液。

教學圖表

象限圖是做什麼用的？它的目的是架構一套方法。通常，當我們起步時，會對餐酒搭配的科學感到些許神秘。圖表的目的是開啟你的動力，同時接受一些難以理解的部分，並將之記錄在圖表裡。這裡提供了一個概括的觀點和一些教學的操作。

單寧在餐酒搭配中的功用

高單寧酒款和肉汁的搭配
（更顯美味）

咖啡、黑巧克力和
紅葡萄酒搭配
隱蔽單寧的效果

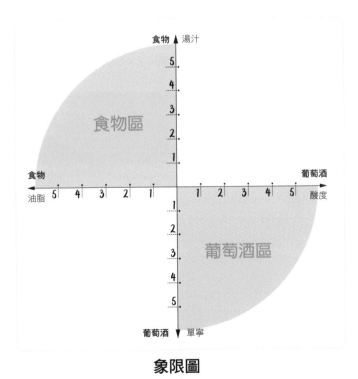

象限圖

如何使用象限圖

範例一：

成功的搭配

拿一支梅多克產區的紅葡萄酒，我們打算跟牛排一起品嘗（為求簡化沒有醬汁）。紅葡萄酒表現出中等酸度（滿分5分達到3分）和高單寧（5分）。我們開始在象限圖中排列酒款中各項的風格表現：我們記錄了酸度和單寧，兩者在象限圖中各有五種程度的分級。針對食物部分，我們使用一樣的分級。牛排油脂稍微豐富點（滿分5分達到2分）並且多汁（5分）。我們連結葡萄酒的兩點風味表現，並在兩點間連線使其在象限圖中形成一個三角形區域。針對食物的風味表現，我們重複同樣的操作。如果這是一個和諧的搭配，它馬上會產生圖表：兩者的外表會是相似的，同樣的形狀和同樣的大小，這是此範例達到的效果。

範例二：

一般的搭配

拿同樣的紅葡萄酒（梅多克，酸度3/5和單寧5/5），我們將和豬肉醬一起品嘗。豬肉醬本身是油脂非常高的一道料理（5分），帶著幾乎是看不到的肉汁，在這項特徵上評估值為5分達到2分——即便我們能把評估值設定為1分，圖的外觀呈現上將不會是兩個相似的圖形。假設以尺寸做比較，兩者是不同的呈現。我們能看到這不是一個完美的搭配；豬肉醬和梅多克紅葡萄酒兩者呈現相互扣分。更合適的搭配會是以一款白葡萄酒抵消豬肉醬本身富含油脂的風味。

三分熟牛排與
梅多克紅酒的搭配

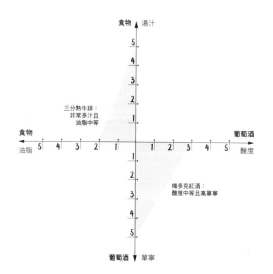

豬肉醬與
梅多克紅酒的搭配

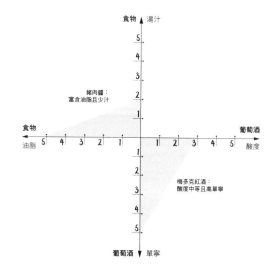

苦難分布圖？

災難性的搭配

繼續使用我們的梅多克紅葡萄酒，料理上我們嘗試和水煮花椰菜做搭配。我們記錄過在多汁程度方面有2分和油脂豐富程度有1分。兩者的性質完全不相似，這一點也不協調。紅葡萄酒無法和它搭配，如同圖上顯示的。舉例來說，我們當然可以藉著佐以法式白醬（béchamel）醬汁嘗試改善它。我們增加了料理中油脂的風味，不完全是汁液部分（美味），紅葡萄酒中的單寧超出了食物本身。更好的搭配方式是尋找一款白葡萄酒（沒有單寧）。

範例四：

令人驚訝的搭配

拿梅多克紅葡萄酒（酸度3/5和單寧5/5）。為了補償葡萄酒裡面的單寧和酸度，料理方面需要有汁液和些許的油脂成分。雞胸肉本身太乾，但假設我們佐以普羅旺斯醬汁（sauce provençale）？醬汁裡的汁液實現了和酒裡面的單寧對位的效果。我們預估雞胸肉佐普羅旺斯醬汁有著1/5的油脂程度和5/5的多汁程度。這樣的搭配是可行，但可以更加完善。如何能夠在料理方面的圖表取得更大的面？藉著增加它的油脂程度（汁液的部分已經到了極限）。再加一小勺橄欖油；準備過程中達到3/5（油脂）和5/5（汁液），兩個圖表的外觀極為相似。這是個非常棒的搭配。

花椰菜與
梅多克紅酒的搭配

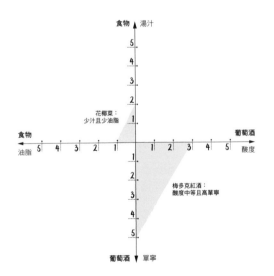

雞胸肉佐普羅旺斯醬汁與
梅多克紅酒的搭配

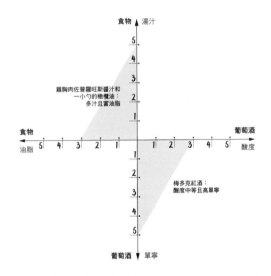

結　論

當料理具備本身的（肉類的汁液）或是外在的（製作的醬汁）汁液，這個特徵會與高單寧的紅葡萄酒抵消。

當料理不具備有汁液的特徵，那麼搭配上應優先考慮白葡萄酒或單寧低的紅葡萄酒——這很重要。

否則，圖表將不會是一致的。

協調的搭配

我們前面學習到的搭配都是處於相互對立的搭配。它們傾向相互抵消或相互對立的方式，這樣的搭配會提升整體的和諧度（互有往來的搭配）。我們已經看過在課程5裡的章節：透過白葡萄酒其更多的特徵表現更能夠達到相互對立，它同樣存在著一些特徵讓它能夠產生協調：**強度和持久力**。假設一款葡萄酒是強勁的（飽滿的），那應該搭配一道強勁的料理。假如一款葡萄酒是持久的（殘留在口中的時間很長），搭配的料理也應該是持續力強的。假設一款葡萄酒某一方面太突出，可能是太過強勁（強烈）或是太過持久（綿長）而與料理對立，反之也會產生同樣的效果。這樣的不協調能夠輕易地被察覺，即使是新手品飲者（仔細地重讀課程5的部分）。

結論

從現在起，你可以操作所有可能與紅葡萄酒的搭配，因為你已經理解搭配的運作方式。提醒自己成功的搭配取決於你對固體和液體的融合判斷。如同葡萄酒與料理中的辛香料味，當單獨地這些食物嘗試時它甚至不會被察覺，但融合時卻能夠相得益彰。

我的秘訣

如同我教授學生重複搭配的方法，這個秘在於三個詞：嘗試，嘗試，再嘗試。唯一的解決辦法，就是品飲。

品飲詞彙的表達

料理、葡萄酒和餐酒搭配的描述如同一門藝術。關於這個問題法國國家中央科學研究中心也出版了一份超過450頁的作品（葡萄酒語字典 *Dictionnaire de la langue du vin*）。一般而言，我們使用的這些專有名詞並沒有被完整地定義，或無法使接收訊息的對象以相同的方式來理解。在這部作品中，就是為了追求更好的理解，我們已經嘗試最大化界定這些模糊不清的專有名詞和抒情的描述。

什麼專有名詞用來形容單寧？

歷史上，侍酒師這行業將**澀味**的描述與單寧所引起的感覺連結起來。**高單寧**這個詞被同樣地運用。為了不要讓自己混淆，我們偏好使用單寧／高單寧的這些詞在所有的課程裡——如同對酸度和酒精的運用。

什麼專有名詞用來形容汁液？

實際上沒有。義大利侍酒師嘗試過讓succulence（**美味多汁**）這個詞流行起來，在法文中它僅和肉類有關，且指的是肉類中充沛的汁液與營養元素和它表現在熟度與口感上。布里亞－薩瓦蘭曾激動地敘述，在證明了灌食法對鳥禽嚴重的打擊影響後：「我們不僅是剝奪牠們繁殖的本能，還讓牠們孤立的生活著。我們將牠們扔到黑暗中，強迫牠們進食且導致牠們如此地肥胖，這並不是牠們天生應該如此的。的確這些超自然的脂肪同樣的美味，在這種可悲的操作方法中我們給予它們這般的美味與多汁，為我們美好的餐桌上帶來快樂。」

成功搭配的必經路程

如何在不甜紅葡萄酒和一道餐點之間進行搭配？跟著以下描述的步驟一個接著一個的進入操作模式。

注意

不同於單純的品嘗葡萄酒能讓品飲者任意地吐酒，當我們在做餐酒搭配時這是很不恰當的。執行以下練習時請務必注意。

在這個階段，應專注於印象感受。還留下些什麼？只有葡萄酒而已？料理完全地消失了？或者，只有料理的部分留下來，葡萄酒已全然消失？同樣地我們可以發現整體完全地分離：我們感受葡萄酒的味道，接著是料理，接著仍是葡萄酒……最終，我們可以發現在口中出現不一樣的味道，不論是葡萄酒酒還是料理，但它們是和諧且愉悅的。這種新的味道，這種新的滋味，不單單是葡萄酒和料理的相加，它帶來的是大於這兩者的總和。神奇的餐酒搭配指的是我們發現了一種新的味道。這就是終極餐酒搭配的關鍵、成功的餐酒搭配。請用心地記錄下所有你覺得屬於這個類型的餐酒搭配。神奇的餐酒搭配不會表現在象限圖上，它需要你用簡潔的詞語記錄和描述你在口中重新品嘗的感受；詳細地記錄料理精準的配方、一道菜的調味、一款葡萄酒的完整描述。不幸的是，這樣的搭配非常稀少而無法被濫用。記錄下這寶貴的時刻於筆記本中，這是用你自己挑選的葡萄酒與你準備的料理所做出專屬於你的餐酒搭配。這將讓你能更輕易地重現它。

分階段進行的特色

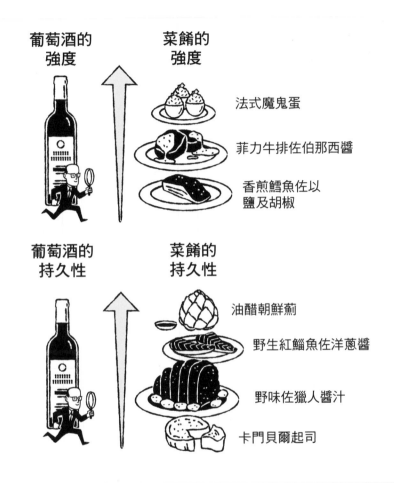

葡萄酒的
強度

菜餚的
強度

法式魔鬼蛋

菲力牛排佐伯那西醬

香煎鱈魚佐以
鹽及胡椒

葡萄酒的
持久性

菜餚的
持久性

油醋朝鮮薊

野生紅鯔魚佐洋蔥醬

野味佐獵人醬汁

卡門貝爾起司

遵循以下步驟以便更好地辨識餐酒搭配

填寫象限圖

❶ 各別品嘗料理且在圖上定位評估它的兩種特徵：油脂和湯汁。
❷ 用水和麵包清潔口腔。
❸ 個別品嘗葡萄酒，把它的特徵記錄在象限圖中：單寧和酸度。

分析搭配

❶ 拿一份菜餚到口中，慢慢地咀嚼它且小口的吞下。
❷ 喝一小口葡萄酒讓它在口中稍微翻轉一下。
❸ 記錄下你口中介於料理末段的味道和葡萄酒結合的感受。

普羅旺斯燉菜的測試

❶ 普羅旺斯燉菜已用來與白葡萄酒進行餐酒搭配過了。依照你自己的想法準備一道普羅旺斯燉菜。我們將會再次使用這個搭配，為的是看它和紅葡萄酒搭配時如何表現。

針對紅葡萄酒，建議挑選來自西南產區或是南隆河產區，例如一款卡歐或是一款吉恭達斯。

另一方面，你有你的普羅旺斯燉菜和其他產區的紅葡萄酒，我們將要品嘗這兩者的搭配。如何品鑑一組料理和葡萄酒的餐酒搭配？請重新複習之前在課堂裡提到的方法。

■ 寫下你的感受。在普羅旺斯燉菜之後品飲紅葡萄酒，單寧表現會比在之前品飲來得更輕嗎？

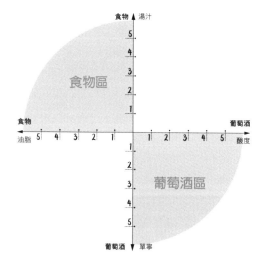

■ 請填寫在象限圖中。

❷ 重新做一次練習，請你這次專注在料理的味道上。
普羅旺斯燉菜是否讓你感到不那麼稀？
必要的話更改在圖中的顏色。

油質的醃肉

❶ 常常，我們太專注於餐點或食譜上，以至於忽略了簡單的配料會讓料理完全不同。我們知道油會增加料理的油質。準備幾片Grison（瑞士）或是BRESAOLA DELLA Valtellina（義大利）的醃肉。醃肉是一道非常鹹且非常乾的料理。直接享用，它和白葡萄酒的搭配將會相當出色。

■ 寫下原因。

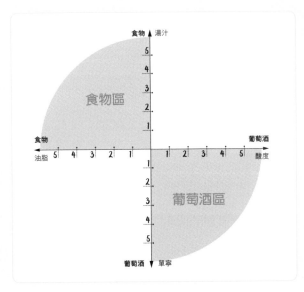

❷ 準備兩片醃肉，一片是原味，另一片滴幾滴橄欖油在上面。執行兩種醃肉和三款高或低單寧的紅葡萄酒搭配的品評。

■ 在象限圖上作記錄。

■ 你比較偏好哪一種搭配？
   紅葡萄酒和滴上橄欖油的醃肉搭配，單寧是更高或更低？

❸ 繼續這個實驗並在醃肉和橄欖油的準備過程中加上一點檸檬。完成下列的表和三種紅葡萄酒和三種準備過程。

	醃肉	醃肉和橄欖油	醃肉、橄欖油和檸檬
葡萄酒 A			
葡萄酒 B			
葡萄酒 C			

牛排的熟度？

❶ 切入問題的重點：紅肉是在鍋子裡烹煮或是燒烤。這個練習中，切一塊肉成三等份。第一部分將煎到全熟，意思是直到肉的中心顏色不再是通紅。第二部分是煎到外部酥脆，為的是讓肉的內部還飽含肉汁。第三部分最終將只是要保持肉的中心是熱的但幾乎是沒有熟（一分熟牛排）。

拿三款單寧高低程度不一的紅葡萄酒。

■ 分別品嘗不同熟度和不同單寧的紅葡萄酒並寫下你的感受。

■ 請填寫在象限圖中。

	全熟牛排	五分熟牛排	一分熟牛排
紅葡萄酒 A			
紅葡萄酒 B			
紅葡萄酒 C			

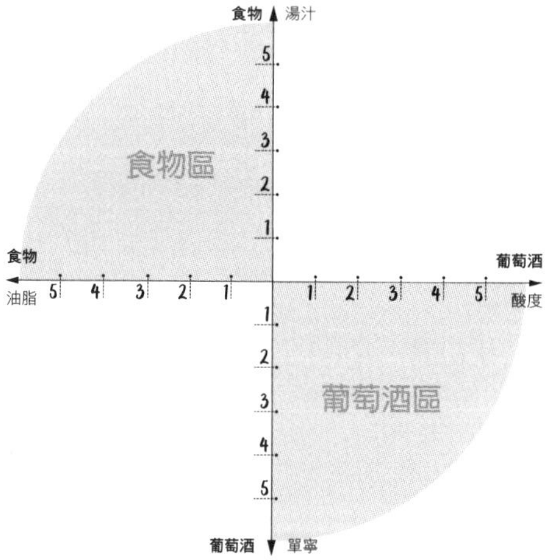

■ 哪一款酒和哪一塊牛排的搭配最為成功？

❷ 根據你的口味來決定肉的熟度，配上伯那西醬或美乃滋。如果一開始你覺得搭配有點困難，把醬汁放在盤子上或是淋一些醬汁在小塊的肉上面，搭配上鹽味的馬鈴薯。取前面練習中的紅葡萄酒，品飲紅葡萄酒跟小塊肉的搭配，接著淋上蛋黃醬或美乃滋的小塊肉配上馬鈴薯。這樣醬汁的搭配是否讓你感覺更好？

■ 寫下你的感受。

■ 請用其他的顏色填寫在象限圖中。

全熟的雞肉

❶ 假設我們拿白肉或是家禽肉,以常規方式烹調,意思是在平底鍋裡煎至全熟,我們會發現一種主要由蛋白質所構成的乾澀結構。這樣的結果與單寧是不搭的。如同我們先前所見,它會和白葡萄酒的酸度有更好的搭配。讓我們體驗一下,在平底鍋裡烹煮一塊雞肉且嘗試和高單寧紅葡萄酒搭配,舉例來説一款卡歐或是一款位於西南產區的Madiran(馬第宏)或是一款波爾多的梅多克。

這個搭配表現的如何?

■ 寫下你的感受。

■ 請填寫此象限圖。

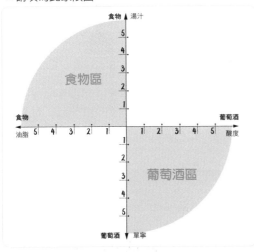

❷ 現在請嘗試加上伯那西醬(或美乃滋)。拿一份雞肉沾滿醬汁,這個搭配表現得如何?
你比較偏好哪種搭配?

❸ 現代料理和設備的大眾化,讓人們能夠帶著這些以往是專屬於廚師團隊的訣竅去烹煮食物:例如低溫烹調法。在這個情況下,肉的質地仍保軟嫩,和高單寧紅葡萄的搭配可能會更合適。

■ 如果你有可能嘗試這樣的低溫烹調法,體驗它並寫下你的感受。

餐酒搭配練習

回想一下

葡萄酒的酸度

葡萄酒的酸度會抵消下列料理的記錄：

—很好：記錄上是油膩的，指的是在料理本身（起司之類的）或是另外在外部的（奶油、橄欖油之類的）；

—好：記錄上是甘甜的但不是甜的（例如紅蘿蔔本身的甘甜）。

葡萄酒的單寧

葡萄酒的單寧會抵消下列料理的記錄：

—很好：汁液，料理本身自帶的（肉本身的汁液），或是另外在外部的（為料理調製的醬汁）；

—好：油質的風味（如橄欖油）。

餐酒搭配象限圖包含以上資訊。

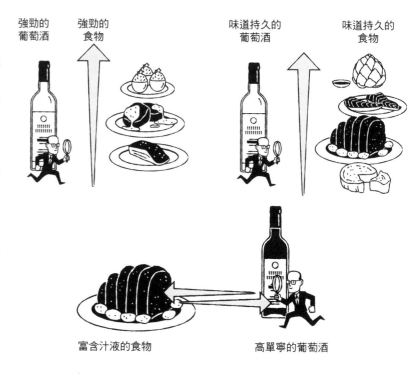

對立的搭配和相應的搭配

我們已經看過兩個類型的搭配；第一種類型是**對立的搭配**，傾向於互相抵消或互相對立的方法，如此的搭配將會讓整體更加和諧（互有往來的搭配）。例如肉汁會被高單寧結構的葡萄酒給抵消。第二種類型是**相應的搭配**，其有時會扮演遮蓋的角色。咖啡或是黑巧克力的單寧相反地會飽和（遮蓋）葡萄酒裡單寧的作用。

關於相應的特徵，這裡有兩大重點需要提醒：假設葡萄酒是強勁的（強烈的），它應當搭配強勁的料

理；假設葡萄酒是持久的（在口腔味道持久），料理也應當同樣持久的（查看課程5的白葡萄酒）。

何時紅葡萄酒應優先於白葡萄酒？

當料理具有汁液，這種情況下，和紅葡萄酒搭配完全地合適。

何時白葡萄酒應優先於紅葡萄酒？

假設料理本身沒有汁液，例如它是乾的或是非常的油膩，首先它應當嘗試和白葡萄酒搭配。

假如無法避掉紅葡萄酒時能做些什麼？

你可以置身於作家吉姆·哈里遜（Jim Harrison）的情境中，他最終認為美食應該總是和紅葡萄酒搭配。他偏好的葡萄酒是邦斗爾。如我們前面看過的，這是一款富含單寧的葡萄酒。哈里遜是很有邏輯的：他找尋紅葡萄酒裡單寧的一種維度，白葡萄酒讓他感覺少了點東西。作家承認：「當我喝一杯紅葡

萄酒時，我總想再喝杯其他的紅葡萄酒。」

在這個範圍裡有兩種選擇；第一是你不在乎、毫不重視搭配然後享用你愛喝的酒和你喜愛的料理，就好像人生中沒有另一種值得的選擇。但若是如此，為何你要堅持學習到現在？另一個選擇是尋找單寧極低的紅葡萄酒，它近似白葡萄酒，如果你打算將它們放在象限圖中，會幾乎看不到差異——因為它們的單寧結構太薄弱了。這些葡萄酒在和乾的或些微汁液的料理搭配時，提供良好的替代方案，葡萄酒中酸度的成分占據優勢（準確地如同白葡萄酒）。

一件軼事，在晚年，哈里遜坦承（一點點）對白葡萄酒的態度是開放的：「我並沒有對我的初戀（紅葡萄酒）不忠。我僅僅是嘗試去平衡我那不平衡的味覺。」

今後，你已知曉如何與所有紅葡萄酒進行可能的搭配，因為你已經了解如何使搭配發揮作用的原理。提醒你自己，成功的搭配取決於你對液體和固體結合的判斷，這關乎於你搭配的喜好。

當葡萄酒與料理均帶有些微的辛香料氣息，或許，在食物單獨品嘗時可能不會被察覺，但相互結合時彼此卻能夠昇華：**這就是神奇的搭配。**

神奇的搭配指的是，我們發現了一種新的味道，和原本葡萄酒以及料理的味道都不同，卻是愉悅且和諧的。這個新的味道，這種新的滋味，不單只是葡萄酒和料理的加總，它帶著某種大於這兩者總和的東西。最高的成就是這種喜悅。這就是終極餐酒搭配的關鍵、成功的餐酒搭配。

非得使用象限圖不可嗎？

這個問題我常被學生問起。象限圖是種極具教育價值方法的核心，它用圖表的方式使事情變清楚。一些人經常地使用它，另一些人則默默地執行它或是將這些不同結構的要點儲存在他們的腦中。

這裡並沒有最佳執行方案，唯獨重視結果。此課程的目標是允許你執行所有可能的和想像的搭配——尤其當被難倒時能理解緣由。

跟著哈里遜結，總是：「很多人問我：『吉姆，你是如何做到在你生活中的泥淖之中生存的？』我的回答很簡單：美食與美酒。」

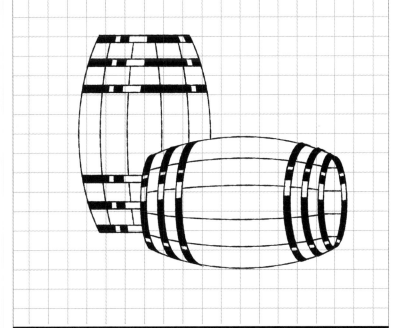

紅葡萄酒過橡木桶培養

過橡木桶的紅葡萄酒帶有特殊的香氣。此外，實際上紅葡萄酒變得單寧弱一些，因為它在橡木桶培養期間歷經緩慢的微氧化。橡木桶柔順的單寧會和紅葡萄酒的單寧互相結合。為了實現好的餐酒搭配而去分辨單寧的出處是無益的。

橡木桶的氣味和味道

除了單寧的作用之外，過橡木桶能帶來特有的氣味和味道。我們尤其想到香草醛（氣味／香草的香氣），在加熱（bousinage）橡木桶時出現，以及在威士忌內酯（whisky-lactone）中，造成椰子或皮革的氣味。

清湯、湯和濃湯

布里亞—薩瓦蘭告訴一位坐在冥想椅上的教授「湯是胃貧時最好的慰藉」。湯這個詞來自於燉鍋,用來燉煮蔬菜,這種湯代表所有液體開胃菜的統稱。清湯是香醇的精華,用肉類或是魚類經長時間熬煮之後的所濃縮而成。最後,濃湯是一種利用蛋黃、奶油使其變濃稠的湯品。

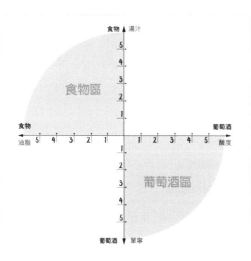

❶ 藉由使用下列蔬菜來製作或取得三種能激發你靈感的湯:番茄、綠色和白色蔬菜、馬鈴薯。
例如:
- 巴西利番茄湯
- 胡蘿蔔和櫛瓜湯
- 康提起司白花椰菜湯

按照之前的練習測驗和你的經驗,挑選三款你認為可以和特定湯品進行搭配的紅葡萄酒。
例如:
- 波爾多或優質波爾多
- 隆格多克或隆格多克丘
- 豐東(西南產區)或隆河丘
■ 請嘗試每一種搭配並完成象限圖。

	湯品 A	湯品 B	湯品 C
	....	....	....
葡萄酒 A			
葡萄酒 B			
葡萄酒 C			

❸ 深入探討
回想一下之前以白葡萄酒所做的練習,你認為哪種酒最適合搭配湯?紅酒或是白酒?

番茄、胡蘿蔔和茄子

在18世紀，蔬菜的存在是做為一道菜餚，是第二道料理的一部分，在肉料理之後、沙拉之前服務上桌。拿破崙時期餐飲業的興起，讓蔬菜的份量受到更精確地控制，漸漸地變成配菜，就像是肉鋪賣的肉（巴黎的總是好吃）和魚肉料理的「裝飾品」——布里亞—薩瓦蘭如是說。

製作三種以蔬菜為基底的配料，例如一份普羅旺斯燉菜、爐烤蔬菜和你偏愛的配料或蔬食配菜。請從這份清單中選擇紅葡萄酒：

- 酸度突出和礦物感的紅葡萄酒，例如來自羅亞爾河的卡本內—弗朗
- 酸度突出和香氣奔放的紅葡萄酒，例如來自薄酒萊的加美
- 結構明顯且酒體重的紅葡萄酒，例如來自隆河丘或是普羅旺斯的邦斗爾
- 日照充足的紅葡萄酒，例如來自隆格多克丘的佳釀
- 過橡木桶的紅葡萄酒，例如一款梅多克、一款聖愛美濃或一款夜丘區單寧不那麼重且酸度突出的佳釀

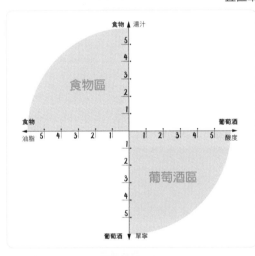

■ 請把個別嘗試過的搭配填寫在象限圖中。

■ 哪一款酒對你來說更容易與這類型的菜餚搭配？

■ 請填寫你的品飲印象於下方表格。

	蔬食配料 A	蔬食配料 B	蔬食配料 C
葡萄酒 A			
葡萄酒 B			
葡萄酒 C			

雞蛋、沙拉和法式鹹派

這些簡單的菜餚是時下摩登料理的專屬，雞蛋是所有飢餓的渴望：帶殼煮，煎荷包蛋，全熟蛋，糖心蛋……所有巴黎的餐館都提供拌美乃滋的雞蛋——也叫魔鬼蛋。誰不曾在早餐中吃過班尼迪克蛋？想到就流口水。但是對布里亞—薩瓦蘭來說，雞蛋是多餘的：煮熟一顆蛋比烹調4磅的鯉魚更久。

❶ 從以下菜色中執行三種料理：

- 野菜沙拉或尼斯沙拉
- 法式蔬菜鹹派或法式鄉村鹹派
- 魔鬼蛋
- 歐姆蛋

從前面的練習和你的經驗，挑選三款你認為可以和這些料理搭配的紅葡萄酒，尤其不要猶豫和這些酒款嘗試搭配：

- 阿爾薩斯的黑皮諾
- 薩瓦或是薄酒萊的加美
- 侏羅的土梭（Trousseau）
- 羅亞爾河的希儂（Chinon）或梭密爾（Saumur）

■ 請把個別嘗試過的搭配填寫在象限圖中。

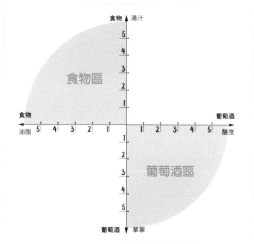

■ 請填寫你的品飲印象於下方表格。

	料理 A	料理 B	料理 C
葡萄酒 A			
葡萄酒 B			
葡萄酒 C			

❷ 深入探討

回想一下之前以白葡萄酒所做的練習，你認為哪種酒最適合搭配蛋類料理？白酒或是紅酒？

馬鈴薯、四季豆和小扁豆

拋開你的成見：這些食材對食用它們的人來說是喜悅的化身，儘管它們的名聲不是太好。布里亞—薩瓦蘭這位神聖的肉食動物，因為「馬鈴薯和四季豆都是肥胖的」而憎恨這些食材，如此的菜單是意圖用來使人悲傷的。

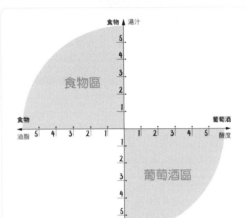

❶ 準備烤馬鈴薯，用水或是蒸氣煮，碾成泥狀，同樣再準備四季豆或小扁豆，特別是來自庇伊的小扁豆（Puy-en-Velay en Auvergne），有其特有的產地名稱。

從前面的練習中和你的經驗，挑選三款紅葡萄酒你預估可以和這些料理搭配的，特別是嘗試：

- 布根地的伯恩丘
- 羅亞爾河的布戈憶或saint-nicolas-de-bourgueil
- Costières-de-Nîmes葡萄園（在隆河丘儘管產區位於加德省Gard）
- 位於隆格多克的Saint-chinian
- ■請把個別嘗試過的搭配填寫在象限圖中。

■請填寫你的品飲印象於下方表格。

	料理 A	料理 B	料理 C
葡萄酒 A			
葡萄酒 B			
葡萄酒 C			

❷ 馬鈴薯、四季豆或小扁豆很少會單獨裝盤，通常盤內的主食才是餐酒搭配的關鍵。舉例來說，假設你預備一塊熟成的夏侯雷（charolais）牛排和庇伊的小扁豆，需要預備一款葡萄酒。在這個案例中，你應該選擇白或是紅葡萄酒？

胡椒醬汁、獵人醬汁和羅勃醬汁

紀堯姆‧提埃（Guillaume Tirel）的胡椒醬汁早已廣為人知，他又稱為
Taillevent（Philippe VI de Valois國王的御廚，也是國王Charles VI的御廚總
管）。Taillevent主張：「碾碎黑胡椒、生薑、風乾的麵包、酸酒與酸
葡萄汁（未成熟的酸葡萄汁），倒在一起煮至沸騰。」時至今日，
胡椒醬汁的配方用紅葡萄酒取代了酸酒與酸葡萄汁，讓酸度足以平
衡。獵人醬汁是胡椒醬汁再加上一些鮮奶油。羅勃醬汁是以白葡萄
酒、奶油、醋和洋蔥製成，深受拉伯雷（François Rabelais）讚揚，
這位《巨人傳》的作者曾提到：「Cestuy是羅勃醬汁的發明人，這醬
汁對烤兔肉、鴨子、新鮮的豬肉、水煮蛋、醃鱈魚以及其他無數美麗
的肉品都是有益且不可或缺的。」胡椒醬汁和獵人醬汁多與野味搭配，
羅勃醬汁則適用於任何情況。注重體態苗條的人要當心了，羅勃醬汁會使
人發胖。

❶ 準備這三種醬汁，每種搭配一小塊麵包；重新使用或是拿
三款前面練習裡的紅葡萄酒，將注意力放在找尋酒裡的集
中度和綿長芬芳的尾韻（在口中停留的時間）：

- 波爾多梅多克或是聖愛美濃
- 隆格多克的密內瓦
- 西南產區的馬第宏
- 嘗試每個搭配組合並填入旁邊的象限圖。

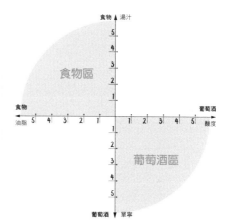

- 請填寫你的品飲印象於下方表格。

	胡椒醬汁	獵人醬汁	羅勃醬汁
葡萄酒 A			
葡萄酒 B			
葡萄酒 C			

❷ 這些以紅葡萄酒為主的醬汁和紅葡萄酒搭配效果會更好嗎？以白葡萄酒為主的醬汁呢？
我們是否應該更加注重搭配這些非常油膩類型的醬汁而不是料理本身？

牛肉、羊肉與馬肉

牛肉無論在任何年代、任何時候都是最出名的。布里亞—薩瓦蘭提到「牛菲力中心呈鮮粉色，利用肉汁餘溫熟透」。牛肉也能用燉煮的方式，我們可以得到兩種美味佳餚：「在鍋裡放入食鹽、水及牛肉塊，你將獲得燉肉和湯品。請使用牛肉，換成野豬肉或野鹿肉的話你不會得到什麼好料的；在這方面，肉舖賣的肉占有一切優勢。」羊肉和馬肉也屬於紅肉的範疇內（含有較多的肌紅素，因此比白肉口感更紮實）。

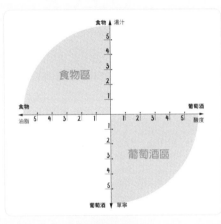

■ 請完成上面的象限圖。

❶ 利用上述的三種肉類準備料理，你可以輪流使用幾種不同的烹調方式（燒烤、燉煮、香煎、低溫烹調），或特別用烤箱烘烤。使用你喜歡的醬料加以點綴（例如：修隆醬汁，也就是番茄口味伯恩那西醬，胡椒醬，或羅勃醬）。你可以利用不同的三餐來練習，概念是訓練自己每種肉搭配哪些葡萄酒的想法。選擇三款紅酒，你可以從較有單寧和木桶味（過桶而形成的煙燻或烘烤調性，專家通常稱為焦香）的紅酒中選取：

- 布根地的Marange、Pommard或Beaune
- 波爾多的Saint-Estèphe
- 隆格多克的Fitou
- 普羅旺斯的邦斗爾

依照你的感覺，請仔細分辨葡萄酒與肉之間的搭配和葡萄酒與肉及醬汁間的搭配。問自己以下幾個問題：較酸的葡萄酒是如何表現的？較具單寧感的呢？較燥熱（酒精感較重）的葡萄酒呢？有過橡木桶的葡萄酒呢？

■ 請填寫你的品飲印象於下方表格。

	牛肉料理含 / 不含醬汁	羊肉料理含 / 不含醬汁	馬肉料理含 / 不含醬汁
葡萄酒 A			
葡萄酒 B			
葡萄酒 C			

❷ 在餐酒的搭配上如何隨著醬汁做改變？

豬肉、小牛肉與家禽類

烤肉（法語rôti，古時又寫作rôt）是19世紀每頓佳餚的核心料理，由燒烤師父與其助手完成。當時是在餐點中的第二道為賓客上桌，烤肉的數量也代表了宴客的規模：「從這個美妙地方所見的大量剩菜就可得知，接下來上的烤肉會達十四盤之多。」布里亞—薩瓦蘭高興地説道。我承認這也是我最喜歡的料理方式。可惜的是，現代烤箱已經不是使用木柴，而火也不會直烘肉塊，這減少了無數料理的風味。有個小竅門，肉料理先過明火一段時間，再放入烤箱。

❶ 做一道烤小牛肉或烤豬料理，並加入以奶油調味的肉汁。選擇三款紅酒搭餐，選擇輕盈但有漂亮尾韻的紅酒：

- 布根地的夜丘或伯恩丘，或是Rully或Mercurey
- 薄酒萊的Saint-Amour或Fleurie
- 羅亞爾河的松塞爾紅酒
- 隆格多克的黑皮諾
- 奧維涅省的加美
- 隆河的Lirac

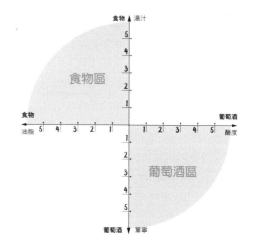

■ 請依照你搭配單吃烤肉和佐醬料時的品飲感受完成下表。若你有配菜，別忘了試試看吃一口有全部料理的（肉、醬料、蔬菜或澱粉類），以便了解餐搭的架構。

■ 請完成上方的象限圖。

	烤肉單吃	烤肉佐醬料
葡萄酒 A		
葡萄酒 B		

❷ 我們有試過不甜型白酒搭配烤肉，那麼對和紅酒的餐搭試驗，你有什麼感想？你喜歡哪種搭法呢？

鹿肉、狍肉和野豬肉

野味是穿梭在森林裡的美味動物。鹿肉、狍肉和野豬肉都是定居型的哺乳類動物，也就是不會遷徙。布里亞—薩瓦蘭把這些動物捧在掌心，或應該是捧在餐盤中：「野味是我們餐桌上的佳餚，是一種健康、熱騰騰、可口、美味又容易消化的美食。」布里亞—薩瓦蘭提到的哺乳類肌肉就叫做野味脂。

❶ 請做一道你喜歡的野味料理佐醬汁，讓肉煮到全熟。醬料（胡椒醬、獵人醬汁、野味肉脂：獵人醬汁加上一點干邑白蘭地Cognac）能平衡肉較強的腥味。
請從依照單寧輕重配好的紅酒裡選一組來做對比：
- 老波爾多和年輕波爾多（例如波爾多丘côte de Bordeaux）
- 布根地和隆格多克（伯恩丘和Terrass-du-larzac）
- 普羅旺斯和羅亞爾河（普羅旺斯丘côte de Provence 和布戈憶）的酒
請特別分辨單吃和佐醬料的餐搭。
■ 請完成右方象限圖。

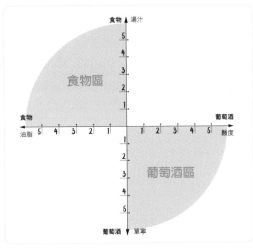

■ 請填寫你的品飲印象於下方表格。

	野味單吃	野味佐醬料
葡萄酒 A		
葡萄酒 B		

❷ 在全熟、腥味重的肉當中，單寧扮演了什麼角色？

野雞、山鶉和野兔

除了鹿肉之外，野味集合了陸地野味（家兔、野兔）和沼地野味（山鷸、野雞、山鶉），絨毛野味和羽毛野味。布里亞—薩瓦蘭做了一首關於鳥禽的有趣吟誦 ：「鵪鶉是野生鳥禽裡最可愛也最討喜的。一隻肥美的鵪鶉，味道、型狀和顏色也一樣受人喜愛。」

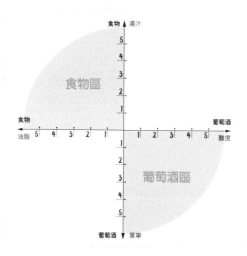

❶ 請從羽毛類野味中 —— 鵪鶉、鴿子、野雞、山鶉等 —— 或野兔選擇一道你喜歡的料理。

醬料（亞勒岡Arlequin醬汁配野兔背肉、羅勃醬配鵪鶉肉，或任何一種你想到的醬汁）能均衡較重的肉味。請從依照單寧輕重配好的紅酒裡選一組來做對比：

- 老波爾多和年輕波爾多（例如聖朱利安Saint-julien）
- 布根地和隆格多克（例如菲尚Fixin和聖希儂）
- 普羅旺斯的酒和羅亞爾河（Bondol和希儂）
- 請完成左方象限圖。

■ 請依照你的品飲感覺完成下表。

	野味單吃	野味佐醬料
葡萄酒 A		
葡萄酒 B		

❷ 對比前面的黑肉，單寧在這些肉料理中扮演了什麼角色？我們在這裡可以選擇不一樣的葡萄酒嗎？

牛腦、牛舌與小牛胸腺

還有什麼比小牛腦佐熟蛋黃醬更美味的東西？或是小牛胸腺佐奶油白醬和羊肚菌？還有牛舌佐馬德拉醬？法式美食的精髓，在於懂得如何料理家畜的剩餘部位和那些我們以為不能吃的地方，小牛從頭到尾，每一寸都讓人嘴饞。布里亞—薩瓦蘭曾經提到一些詭異筵席，裡面大家吃了「五百顆駝鳥腦和五千根鳥舌頭」。

❶ 準備幾道你所選的料理，注意，內臟類算一道，醬料的搭配也扮演著重要的角色。這時，就像任何時候，要來做餐搭品嘗。選擇紅酒來搭配料理，例如：
- 西南產區的貝傑哈克紅酒
- 蒙德斯（Mondeuse）或佩松（Persan），兩個（薩瓦產區）不同品種的紅酒
- 普羅旺斯的粉紅酒（批評前先試一下，結果會讓人驚訝的）
- 塔維（Tavel）粉紅酒（像是搭配油醋小牛腦）
- 請完成右方象限圖。

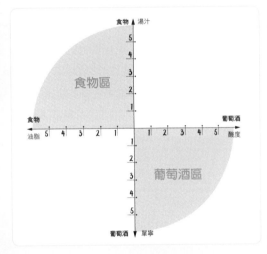

■ 請利用你對不同料理的品飲感受來完成以下表格。別忘了，吃一口內含所有食材的料理（肉、醬料），以便了解餐搭的結構。

	料理 A	料理 B	料理 C
葡萄酒 A			
葡萄酒 B			
葡萄酒 C			

❷ 我們有用白酒做過這個練習，對你而言，哪種類的酒較適合呢？紅酒中的單寧扮演了什麼角色？這是有用的嗎？

香腸、火腿與肉凍

成為肉舖老闆不是一件簡單的事，要做的研究很難，因為需要源源不絕的創意。豬肉和其他肉舖大師的製品都含有非常多油脂，這也是為什麼它們無比可口。義式沙拉米是香氣集中的香腸，布里亞—薩瓦蘭曾提到脂肉味（在這之後，日本人也衍生出「鮮味」這個詞）。而我們這些屠夫則喜歡火腿和肉凍直接字面上的意思：「我的兩位舅公，人好又勇敢，在復活節那天露出欣喜若狂的表情（作者註：開齋）。他們展示了火腿切片和肉凍脫模。」坦白說，

當情緒有點低落時，我會買來半公斤的酥皮鴨肉醬、各種不同的肉凍和火腿，一位朋友、一瓶葡萄酒，心情馬上就好起來了。

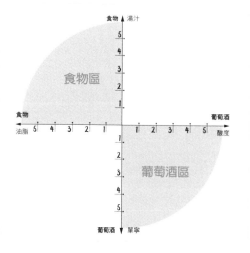

❶ 說到油脂味的架構，就代表帶酸度和微單寧的紅酒選擇。進軍選擇囉！到你的肉舖買下所有的好東西：沙拉米香腸、火腿、肉凍、肉醬、酥皮肉醬、肉乾和煙燻肉……選擇三種輕盈帶果香味的紅酒來品飲，例如：

- Pays d'Oc IGP (Indication géographique protégée)、羅亞爾河谷地或加德
- 薄酒萊或村莊級薄酒萊紅酒
- 布根地的Rully、Givry、夏隆內丘的Montagny
- 隆格多克的密內瓦、Fitou，來試試看較多單寧的葡萄酒

■ 請完成左方的象限圖。

■ 請在以下表格中寫下你的肉製品與品飲的感受。

	肉製品 A	肉製品 B	肉製品 C	肉製品 D
葡萄酒 A				
葡萄酒 B				
葡萄酒 C				

❷ 我們有用白酒做過一樣的練習，對你而言，哪種類的酒比較適合呢？紅酒中的單寧在這裡扮演了什麼樣的角色？在這裡是有用的嗎？

布根地紅酒燉牛肉、紅酒雞、燜燒羊肉

德拉瓦倫（François Pierre de La Varenne）在他的著作 *Le Cuisinier François*（1655）——第一本大菜料理的書——中就有提到關於燜燒料理的煮法：「燉牛肉煮到半熟後塞入大塊的豬油，再繼續放回醬汁中燉煮。熟透及調味之後（別忘了酒），即可上桌。」

煨肉（la daube）是準備肉料理的說法，與adoubement騎士授勳準備有同樣的字根。

❶ 準備一道紅酒燉肉或蔬菜燉肉，因為要配合料理在口中的濃鮮度及味道殘留，請選擇三款尾韻較長也濃郁的紅酒搭餐，例如：
- 波爾多的聖朱利安或波雅克（Pauillac）。
- 布根地的紅酒（正常，布根地紅酒燉牛肉嘛）
- Gigondas、Vacqueyras、Lirac或隆河南邊的教皇新堡
■ 請完成右方的象限圖。

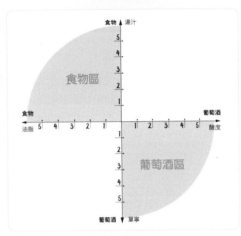

■ 請利用下表填寫你的餐搭感受，只搭肉、搭沾醬汁的肉、和搭沾了醬汁的肉與配菜（例如馬鈴薯）。別忘了，最後一種搭法請在口中放入所有的食材（肉、醬汁和配菜），以便了解餐搭的架構。

	燉　肉	燉肉與醬汁	整道料理
葡萄酒 A			
葡萄酒 B			
葡萄酒 C			

❷ 調味料對品飲葡萄酒時的影響有哪些？特別是鹽、辛香料，像是胡椒等等。你覺得，依照醬汁成功與否，會大幅改變料理與酒的搭配嗎？

義大利麵類、長麵條與義大利餃

❶ 選擇三種麵類料理（新鮮或乾燥麵條都可以），依你的喜好灑上帕馬森乾酪或調味粉。預先準備好肉醬義大利麵（或番茄肉醬義大利麵）、青醬蝴蝶麵和鼠尾草奶油義大利餃。選擇三款較輕盈帶酸度的紅酒來搭餐。例如：

- 阿爾薩斯的黑皮諾、薄酒萊的加美
- 隆格多克的輕盈希哈
- 羅亞爾河的希儂、布戈憶、松塞爾、coteaux du Giennois
- 入門款：請試試IGP méditerranée、comté tolosan或 comté rhodaniens

■ 請完成下方象限圖。

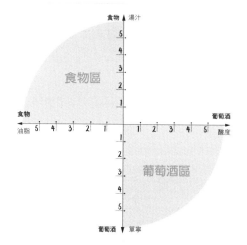

■ 請完成下表並記錄你的三道義大利麵餐搭感受。

	肉醬義大利麵	青醬蝴蝶麵	奶油義大利餃
葡萄酒 A			
葡萄酒 B			
葡萄酒 C			

❷ 我們已經練習過白酒的部分，你比較喜歡哪種餐搭呢？你認為哪種搭法比較合適呢？別忘了，你的答案才是最重要的，忠於自己的口感。

披薩、漢堡與炸鷹嘴豆餅

別白費力氣翻找Taillevent、La Varenne、Vattel、Parmentier、Brillat-Savarin、Carême或Escoffier的文獻了。你找不到任何稱為「無料理」的資料。這些菜餚是現代特有的料理，但也要懂得如何做餐酒搭配。

這裡有幾個簡單的規則：

規則一：披薩搭配簡單的啤酒比較適合；如果你喜歡葡萄酒，試試看，選出可以搭配的酒。

規則二：漢堡比較適合搭配單寧少、質地輕盈的紅酒。

規則三：炸鷹嘴豆餅與漢堡的餐搭邏輯一樣。

❶ 每種食物各試試三款你所選的紅酒。請盡量選擇經典口味：馬格麗特披薩、切達牛肉漢堡。至於酒的選擇，你可以試試以下酒體中等的紅酒：

- 羅亞爾河輕盈的酒（saint nicolas de bourgueil）
- 帶辛香料的隆河酒（隆河丘）
- 一般的波爾多與布根地的酒，用來作比較
- ■ 請完成右方象限圖。

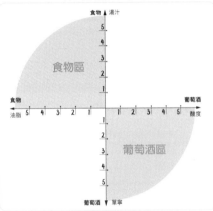

■ 請利用以下表格記錄你對不同食物的餐搭感受。

	披 薩	漢 堡	炸鷹嘴豆餅
葡萄酒 A			
葡萄酒 B			
葡萄酒 C			

❷ 我們在Inter wine & Dine學校有嘗試過一種很適合的葡萄品種，就是黑皮諾。我們推薦你三種不同的版本：布根地產區的黑皮諾、阿爾薩斯產區的黑皮諾以及羅亞爾河產區的黑皮諾。試試看這些酒搭配其中一道料理，並記錄下你的感受。

	你選的料理
布根地黑皮諾	
阿爾薩斯黑皮諾	
羅亞爾河黑皮諾	

❸ 披薩與漢堡之前都有試過與白酒搭餐，你比較喜歡哪種餐搭呢？對你而言，哪種類型的葡萄酒較適合呢？

鮭魚、鱒魚與煙燻火腿

煙燻食材不是使用明火來煮熟，而是灑上薄鹽後藉由煙燻和熱氣來風乾。布里亞—薩瓦蘭記錄了這樣的技術：「我們的曾曾祖父母會吃生食，而我們也沒完全遺失這個習慣，味蕾最敏感的地方可以感受到亞耳香腸、義式豬牛香腸、漢堡的煙燻牛肉、生鯷魚、醃漬生鯡魚、還有其他一樣沒有經過火煮的食物的美好，都非常可口開胃。」
煙燻鮭魚被歸類在白酒餐搭的高危險群，它比較適合與有單寧、過木桶的紅酒搭配。

❶ 準備一道煙燻魚料理，搭配檸檬與切碎紅蔥頭。請注意先嘗試只搭配魚單吃，再試試魚和一點檸檬汁，最後再加入紅蔥頭。請選擇三種紅酒來搭餐，例如：
  • 過橡木桶的Margaux或聖愛美濃
  • 普羅旺斯的邦斗爾
  • 隆河的克羅茲—艾米達吉（希哈）
  ■ 請完成右方象限圖。

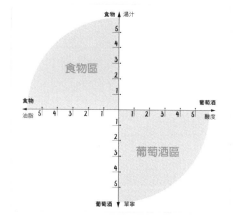

  ■ 請完成以下表格並記錄你的品飲感受，檸檬在餐搭中扮演什麼角色？紅蔥頭呢？

	煙燻魚單吃	煙燻魚加檸檬	煙燻魚加檸檬與紅蔥頭
葡萄酒 A			
葡萄酒 B			
葡萄酒 C			

❷ 為什麼會建議煙燻類料理的餐搭酒要是有過橡木桶的呢？

❸ 侍酒師的秘招：請試試粉紅酒。它能帶出料理的煙燻感，又同時感受到漂亮的酸度。請參考以下三種粉紅酒：普羅旺斯丘的粉紅酒、科西嘉的粉紅酒、隆河Lirac的粉紅酒。請與其中一道料理試試看，並寫下你的感受。

	你的料理
普羅旺斯丘粉紅酒	
科西嘉粉紅酒	
Lirac粉紅酒	

帕馬森、米莫雷特與 老高達起司

我們已經看過，起司與白酒搭配較適合。布里亞—薩瓦蘭肯定沒想過要把起司拿來搭紅酒。他形容過一個買不起甜點的客人：「來到了飯後甜點的時刻，他毫無保留地為了他輝煌的事業，端出了一塊起司與一杯馬拉加的紅酒作為甜點，因為他的預算從來都負擔不起甜品。」

紅酒與起司的餐搭蠻容易的，當餐宴告一段落，再上甜點之前，就是小吃一塊起司的好時機。把餐桌上剩的紅酒喝完比再開一瓶新的白酒容易得多，而且最後一瓶也該留給甜點酒。

我們也有許多與紅酒搭得非常好的起司：首先是帕馬森，集結了脂肉味／鮮味的精華，米莫雷特（熟成非常久的）或高達（一樣是熟成非常久的）。

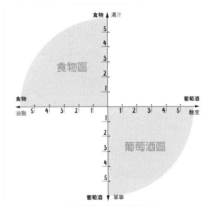

■請完成上方象限圖。

❶ 起司拼盤請搭配以下三個產區，從中挑出三款紅酒來搭餐，例如：
- 布根地或薄酒萊：選擇一個你喜歡的產區
- 隆格多克或胡西雍：選擇一個你喜歡的產區
- 波爾多淡紅酒（Clairet de Bordeaux）

■ 請依照起司搭酒的品飲感受完成下表。

	帕馬森	米莫雷特	高　達
葡萄酒 A			
葡萄酒 B			
葡萄酒 C			

❷ 回想一下你做過的白酒練習，你會比較喜歡紅酒搭起司還是白酒搭起司呢？若你喜歡紅酒，又不想要有單寧，那就可以來個秘密絕招：薩瓦、Bugey、侏羅，單寧少又帶有明亮酸度的紅酒。試試看用一樣的起司搭配這三種紅酒，並寫下你的感受。

	帕馬森	米莫雷特	高　達
薩　瓦			
Bugey			
侏　羅			

巧克力、可可粉、神的禮物

在法國與那瓦拉王國的學校都應該有強制執行過此一神賜予的藥劑。我有一天會告訴大家這些黑巧克力片的數量——不用多說,這對本書的撰寫是必需的。布里亞—薩瓦蘭給它下了一堆優點:「他留了下來展示精心準備的巧克力,這是種有益健康而且好吃的東西,它營養、容易消化、也不是用來掩蓋咖啡的缺點;相反地,它是一種藥劑,對需要集中精神的人非常有幫助,教職人員、辦公人員還有尤其是旅行的人。最後,它也適合腸胃不好的人,巧克力在治療慢性病的成效非常好,而且現在是治療幽門感染的最新方式。」

❶ 準備一些簡單的巧克力料理:巧克力慕斯、巧克力蛋糕等等,並另外準備一小塊黑巧克力。選擇三款紅酒,像是:
- 梅多克或單寧重的波爾多
- 吉恭達斯或單寧重的隆河酒
- 邦斗爾或單寧重的vin du Midi
■ 請完成左方象限圖。

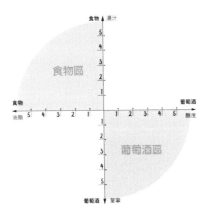

■ 請完成以下表格,讓巧克力慕斯、巧克力蛋糕和黑巧克力慢慢融化在口中,寫下這樣的品飲感受。你有感覺黑巧克力片和其他巧克力點心的不同嗎?

	巧克力慕斯	巧克力蛋糕	巧克力片
葡萄酒 A			
葡萄酒 B			
葡萄酒 C			

❷ 深入探討
你可以試試甜紅酒,像是Banuyis、Maury、Rivesaltes或波特酒,請見課程11關於甜酒的部分。你有感受到哪些不同呢?

綜合練習：
紅酒與白酒的比較

課程進行到這裡，你應該知道全部料理與餐搭紅白酒的所有可能性，相當於飲用了超過90%一般消費者餐搭會使用的酒。是時候來做個綜合性的練習了。

❶ 請從中選出一些你特別喜歡的料理：
- 清燉肉湯、粥品、濃湯
- 普羅旺斯燉菜或烤蔬菜
- 伯恩醬牛排或迷迭香烤雞
- 魔鬼蛋或依你喜好調味的小扁豆
- 烤豬或烤小牛佐醬料（例如羅勃醬）
- 小牛胸腺或小牛腰子佐番茄醬或芥末醬
- 火腿與各式肉凍
- 布根地紅酒燉牛肉或紅酒雞
- 青醬義大利麵或馬格麗特披薩
- 煙燻鮭魚或煙燻火腿
- 各種起司，其中一種要是帕馬森
- 巧克力的點心或飯後甜點

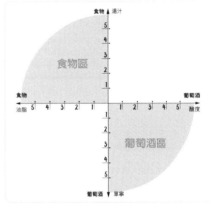

■ 請完成此象限圖，課程到這裡你應該可以毫不費力的完成。

❷ 選擇你喜歡的白酒與紅酒各兩款，目的在於觀察餐搭中，你喜歡的料理和你喜歡的酒之間如何相輔相成。邀請幾位朋友到家裡來切磋不同的觀點。不要被既有觀念影響，拿兩瓶紅酒與兩瓶白酒來作盲飲。不要猶豫，一次就上所有的酒，就算你直覺式的不會這樣做（吃牛肉時也上白酒、喝湯品時也把紅酒拿出來）。別在意大家所說的，把精神集中在餐搭的理論上。

■ 請每位參與者都完成以下表格。

	料理 1	料理 2	料理 3	料理 4
白酒 1				
白酒 2				
紅酒 1				
紅酒 2				

第三章

其他類型葡萄酒

這個章節提供了了解其他類型葡萄酒的要領。在這章中,我們會看到甜型葡萄酒(半甜型白酒、甜型白酒、自然甜酒以及利口酒),氣泡酒(香檳、傳統法氣泡酒)和粉紅酒。我們會著重在糖份和氣泡的主要知識——酸度、酒精和單寧這些觀念已經在紅白酒的章節裡提過,本章將從搭配飯後甜點與糕點的甜酒開始,接著我們會了解氣泡酒與粉紅酒搭餐的技巧。

透過這個章節,你會漸漸知道所有的甜酒、氣泡酒和粉紅酒該如何與適合的料理搭餐。

甜型葡萄酒

如果白酒是由兩個主要成分組成（酸度和酒精），那含有殘糖的酒呢？**糖份會強化灼熱感和滑膩感**，一言以蔽之，就是葡萄酒裡的甘味程度。我們的象限圖依然適用，甜白酒是有雙重指標的，糖份與酒精感會合併在一起。

葡萄酒裡的糖？

糖份是由葡萄裡的蔗糖（果糖和葡萄糖）產生，有時候，糖份的添加是有條件地受到允許的（加糖法chaptalisation）。一般而言，糖份會因為酵母而轉化成酒精，這裡有好幾種讓糖份保存在酒裡的方式，其中一種是**葡萄遲摘**，接著停止發酵，留在瓶中的糖份就會形成甘味。葡萄也可以在**木棧板上乾燥**（自然風乾法passerillage）或是在**麥稈席上風乾**（麥稈酒vin de paille）。葡萄也會受到貴腐菌的侵蝕，這類菌種靠果實中的水份維生，同時增加葡萄中的特殊香氣（波爾多的索甸Sauternes、阿爾薩斯嚴選的貴腐葡萄）。最後，酒農可以加入酒用酒精使酵母停止發酵：我們看到的自然甜酒，像是Muscats de Frontignan，或Cap-Corse、Riveraltes或Maury，後面兩種都屬於非常罕見的甜紅酒。最後是利口酒（Liqueur），釀造方式和自然甜酒幾乎一模一樣：pineau des Charentes混合了干邑白蘭地，或是floc de Gascogne混合了雅邑白蘭地（Armagnac）。下頁和白酒使用一樣的象限圖，可以給你一個圖表式的認知。甜型葡萄酒就是擁有相較於酸度非常強烈的甜味（酒精與糖份）。

均衡性

這是基本的概念，甜酒的均衡來自於甜味（酒精＋糖份）和持久度（酸度）的平衡感。圖例顯示了糖份會掩蓋酸度，為了有更好的品飲感受，這類的酒都會冰鎮過再上桌。再次提醒，較冷的溫度會降低甜味的感受（酒精與糖份）、增加對酸度的感受。在酸度/酒精象限圖左上角的甜型白酒不代表酸度較少。不過，相較於其他類型的酒，對酸度的感受會減弱。

一些遣詞用字

依用詞方式，一些專家會用douceur（**甘味**）或onctuosité（**脂滑感**）來形容殘糖。我們傾向使用糖份/甜味，這類直接與品飲感受有關係的詞彙。

甜酒的指標

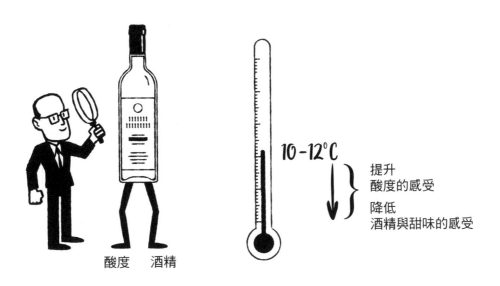

酸度　酒精

10 -12°C

提升
酸度的感受

降低
酒精與甜味的感受

酒精／糖份

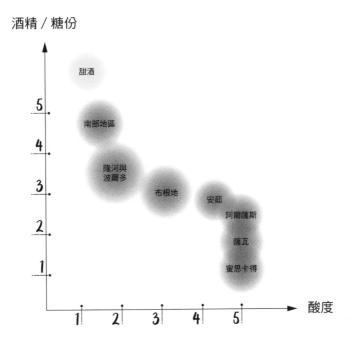

甜酒

5

南部地區

4

隆河與
波爾多

3

布根地

安茹

阿爾薩斯

2

薩瓦

1

蜜思卡得

酸度

1　2　3　4　5

課程 11　　　甜型葡萄酒

如何以甜酒搭餐？

甜酒的餐搭相對容易，甜味會壓過其他味道。這不太需要使用到象限圖，只需注意酒和料理之間的甜味濃度：

—很甜的甜酒搭配很甜的料理。

—微甜的甜酒搭配微甜的料理。

飯後甜點與糕點

歷史上，飯後甜點是在烤肉和糕點之間上桌，可以是鹹的或是甜的。在我們這個年代，飯後甜點則是指糕點、冰淇淋、糖果，這些在起司之後、點心之前，有時候稱之為prédessert的甜食：夏洛特蛋糕、火焰可麗餅、冰淇淋、蛋白霜、舒芙蕾、蒙布朗。現在大部分的人會把飯後甜點和糕點歸類為相似詞。

甜酒與飯後甜點和甜的點心非常搭。互相的影響也更加準確：甜酒可以餐搭甜的料理，專家稱之為**餐搭的一致性**（accord de concordance）。若你不喜歡甜酒與甜食，可以簡單的白開水搭配甜點，或是其他非葡萄酒酒精性飲料（啤酒、干邑白蘭地、伏特加……）。

請見以下傳統料理中的幾種點心和飯後甜點的大項（並不齊全）：維也那甜酥麵包、糕點（包含塔類）、甜食（馬卡龍）、巧克力、夾心巧克力、餅乾類（瑪德蓮）、鮮奶油和慕斯類、常溫蛋糕、冰淇淋和雪酪。其他還有水果，在傳統法國料理中並沒有涵蓋進去，但存在傳統義式料理中。很不幸地，由於它的高酸度，新鮮水果很難搭餐酒。大地之母的產物也請搭配一樣的白開水吧。

布里亞—薩瓦蘭說過：「一名酒鬼在餐桌上，在點心的時刻有人拿了葡萄給他。『謝謝你，』他邊推開餐盤邊說道：『我不習慣藥丸狀的酒。』」

濃郁感、持久度

我覺得有必要再強調關於品飲濃郁感和香氣持久度的觀念。就如同我們在白酒章節裡所講的，在均衡度之外，葡萄酒分為兩個概念：濃郁感與持久度。我們時常把二者搞混，品飲的濃郁感是指葡萄酒在口中的「強度」，而香氣的感受（專家稱之為persistance aromatique intense, PAI）則是酒在口中吞下去或吐掉後停留的「時間」。

這兩個概念在餐搭上會有什麼作用呢？我們很容易了解，一杯強勁（濃郁）的葡萄酒應該搭配重口味（口感強烈）的料理。同樣地，持久型的葡萄酒（在口中停留的時間很長）應該搭配同樣是尾韻綿長的料理。

餐搭小技巧

事實上，你在搭餐時並不一定要分析這四個組成（酒與食物的濃郁度、酒與食物的持久度）。這正是我們快速帶過這些概念的原因，當你有酒、有食物的時候，只需專注在**尾韻**上的餐搭就可以。你感受到什麼？只有酒嗎？那它完全喧賓奪主了。只感覺到食物的味道？那酒太淡了。如果你有感受到新的味道、新的氣味，而且非常協調，不是酒也不是食物，卻是一種細膩的融合，那你就擁有了成功的餐搭之鑰。你可以留意一下，品飲和料理的濃郁度和氣味的持久度是相輔相成的。

甜酒的類型

在侍酒學的歷史中，是依照甜酒中每公升的含糖量作分類。靜態的葡萄酒（無氣泡的）稱為：

—Sec：最多含糖量4 g/l

—Demi-sec：含糖量4-12 g/l

—Moelleux（或demi-doux）：含糖量12-45 g/l

—Liquoreux：含糖量超過45 g/l

餐搭的一致性

料理的甜味　　　　　葡萄酒的甜味

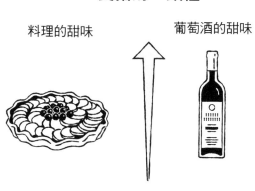

一些餐酒搭配的例子

這裡提供幾個例子，依照甜酒中的含糖量和一些可以搭配的料理（我們提供了一些基本的餐搭和一些較少見的，以便說明所有餐酒搭配的可能性）。

基本搭配

（甜度低至高依序為：demi-sec, moelleux, liquoreux）

甜酒	可以搭配的料理
Demi-sec： — 梧雷（Vouvray） — 貝傑哈克（Bergerac） — 灰皮諾（Pinot gris）	— 蘋果派 — 水果沙拉 — 焦糖布丁
Moelleux： — 萊陽丘（Coteaux-du-Layon） — 居宏頌（Jurançon） — Bordeaux blanc moelleux	— 甜梨塔 — 法式火焰薄餅 — 杏桃布丁蛋糕
Liquoreux： — 索甸（Sauternes） — Gewurztraminer sélection grains nobles — 蒙巴齊拉克（Monbazillac）	— 柏林果醬包 — 藍莓塔 — 加泰隆尼亞焦糖奶凍

可替換的搭配

甜酒	可以搭配的料理
Demi-sec： — Cabernet d'anjou — Riesling Alsace Grand Cru — Chenin du Languedoc	— 薄荷草莓果昔佐黑胡椒 — 蜂蜜冰淇淋、鬆餅與糖漬橘皮 — 翻轉蘋果塔配香草冰淇淋與鮮奶油
Moelleux： — 蒙巴齊拉克（Monbazillac） — 居宏頌（Jurançon） — Gewurztaminer vendanges tardives	— 奧文尼藍起司千層 — 蘋果蛋糕、杏仁與木梨果膠 — 覆盆子與紫羅蘭甜酒小塔
Liquoreux： — 索甸 — Arbois, L'étoile — Pacherenc-du-vic-bilh	— 羅克福乾酪配梨子 — 大黃奶油塔 — 杏仁蛋白霜蛋糕

那巴巴蛋糕呢？

如果你拿巴巴萊姆酒蛋糕為例（作者的最愛），它很難與蛋糕中使用的萊姆酒之外的其他酒搭配。有些人喜歡用廉價的萊姆酒做巴巴蛋糕，再一邊飲用高級的萊姆酒。這對我們來說是不適當的，你只需要100 cc的萊姆酒就可以為四位賓客做個正常的巴巴蛋糕。

找尋均衡點

選擇一款你喜歡的甜白酒,並找出溫度的均衡點。這個位置會出現在酒剛好適合飲用的溫度。酒精與糖份的感受(圓潤度)應該與酸度的感受(持久度)互相平衡。正如你所想的,這個概念有點主觀。均衡點是依你而定,重要的是去了解如何感受到。

試試看一瓶預先冰鎮過的酒(剛拿出冰箱的5-6℃),一邊練習一邊讓它慢慢回溫。

■ 請寫下每個溫度時的品飲感受。

溫度 ....℃	溫度 ....℃	溫度 ....℃	溫度 ....℃	溫度 ....℃
....	....	....	....	....

■ 把以上的練習填入下方象限圖。

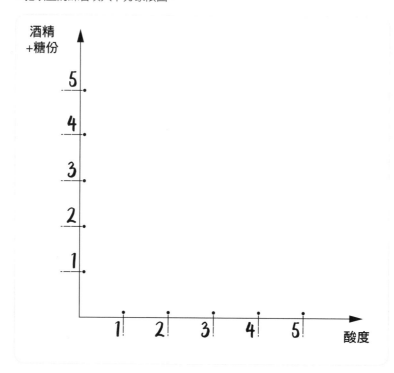

侯克霍起司、奧弗涅藍起司與史提頓起司

帶著藍綠色黴點的藍紋起司法文又稱為bleus，是全世界最好的起司之一。以品嚐的角度來説，起司有非常複雜的組成：油脂、糖份、鹽份、苦味、肉脂味／鮮味，全部融合在一起。侯克霍起司（Roquefort）以母綿羊奶做成，較多油脂。奧弗涅藍起司（Bleu d'Anvergne）與史提頓起司（Stilton）由牛奶做成，後者在英國習慣使用殺菌後的牛奶——造就了它的特別之處，因為滅菌後的藍紋起司變得很有一致性。這三款起司都具有產區標示。

請購買這三款起司或其他的藍紋起司，以及三款甜白酒，例如：
- 老年份的索甸（波爾多）
- 麗絲玲的貴腐酒（阿爾薩斯）
- Moscato passito di Pantelleria（義大利）

你喜歡哪種搭配？起司與酒搭配後有變得比較（不）甜／鹹／油嗎？

■請依照三款甜酒與三款起司填妥下表。

	起司 A	起司 B	起司 C
老年份索甸			
麗絲玲貴腐酒			
Moscato passito di Pantelleria			

香煎鵝肝、半熟肥肝、棉布鵝肝

不論鵝或鴨，肥肝都是節慶餐桌上不可或缺的美食。這個食材容易取得也相對討喜，在一些家庭中，鵝肝配甜白酒的餐搭是唯一可以享用地窖那瓶索甸的時刻。我們認為這款魔法般的酒日常就可以喝了，像是開胃酒，順順的喝到第一道鵝肝前菜上桌。根據你累積到現在的經驗，應該由你來決定這樣的餐搭是否成功。當然你有可能不喜歡，可以用點水或稱為生命之水的伏特加來搭配你喜好的鵝肝。

❶ 選擇三款甜白酒，搭配鵝肝單吃、鵝肝配一片小麥麵包、一片布里歐奶油麵包。在這些可口的甜白酒中，你可以選擇：
- Bordeaux blanc moelleux（波爾多）
- 侏羅丘（côtes-du-Jura）的麥稈酒（侏羅）
- Pacherenc-du-vic-bihl（西南區）

利用這次的練習與親朋好友聚聚，並比較大家的筆記。你喜歡哪種餐搭呢？搭配不同的酒，鵝肝吃起來有比較甜／不甜嗎？

■ 請完成以下三款鵝肝、三款甜酒的表格。

	鵝肝單吃	鵝肝配小麥麵包	鵝肝配奶油麵包
Bordeaux blanc moelleux			
侏羅丘的麥稈酒			
Pacherenc-du-vic-bihl			

❷ 若你希望以有單寧的紅酒搭配鵝肝這種不協調的餐搭法，建議以下的訣竅：製作一道黑胡椒鵝肝磚（foie gras marbré），或是切片鵝肝佐黑胡椒，使用研磨黑胡椒和顆粒黑胡椒。這種新的準備方式可以搭配紅酒中的單寧和強度，準備一瓶卡歐或隆格多克，你覺得呢？

雞肉、小牛肉或烤豬

毫無疑問，這算是最不協調的餐搭了。準備一道白肉料理，以小火烘烤至外皮變得焦黃酥脆。你也可以嘗試用野味來料理。我有些朋友試過用牛肉，但這樣的餐搭不是那麼驚豔，白肉會柔嫩一點。你也可以到燒烤店或是市場購買串烤的烤雞。

皮的滑嫩感、油脂感和細膩感讓料理的靈魂多了一味。布里亞—薩瓦蘭提過，肉脂味就是用來形容這個味道：「是肉脂味成就了一頓美味佳餚，在變焦脆的過程中肉在轉盤上漸漸成為金黃色，也是它讓鹿肉與野味的香氣四溢。」

選擇三款不同強度、不同種類的甜白酒：
- 梧雷（羅亞爾河）或稍微帶甜度的阿爾薩斯的酒
- 居宏頌，Colette說這是他最喜歡的酒：「我成年候遇見一位正義凜然又高貴的王子，舉止就像所有一流的誘惑家：居宏頌。」
- 索甸（波爾多），屬於最優秀的甜白酒，特別是1855年的列級酒莊

請與烤肉搭配、與烤肉和烤馬鈴薯或焗烤馬鈴薯搭配、還有烤肉配上油醋醬沙拉（沒錯，沒錯，就是油醋醬）。

你可以藉由這次機會與親朋好友相聚，也比較看看大家的答案。

你喜歡哪種餐搭呢？烤肉與不同的甜酒有比較搭／不搭嗎？焗烤馬鈴薯的味道如何？油醋醬沙拉呢？

■ 請以三種吃法與三款甜酒完成以下表格。

	烤肉單吃	烤肉佐馬鈴薯	烤肉佐油醋沙拉
梧　雷			
居宏頌			
索　甸			

可麗餅、甜甜圈與鬆餅

一些麵粉、幾顆蛋、還有牛奶……可麗餅皮很容易療癒人心。它的歷史可以追溯到將近9,000年前，鬆餅和甜甜圈的製作也是一樣的基底。

準備三種口味的可麗餅：

• 原味

• 加糖粉

• 火焰煎薄餅（焦糖／橘子／奶油，灑上干邑白蘭地／橙酒），若你想要，可以點燃火焰薄餅

選擇三款甜白酒：

• 索甸

• 居宏頌

• 選摘的貴腐酒（例如麗絲玲或灰皮諾），依你所選的，可以是任何一種甜酒

你喜歡哪種搭配呢？與不同的酒搭餐，料理有變得比較甜／不甜嗎？

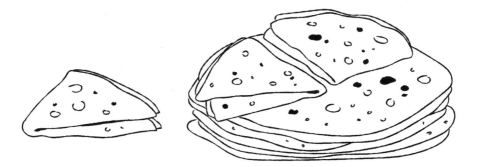

■ 請準備以下三種不同口味的可麗餅與三款甜酒來完成這個表格。

	原味可麗餅	糖粉可麗餅	火焰煎薄餅
索　甸			
居宏頌			
選摘的 貴腐酒			

千層派、巴黎—布列斯特泡芙與聖多諾黑

作者承認一個自身的弱點就是法式傳統糕點的製作：千層派、閃電泡芙（只有巧克力的）、巴黎—布列斯特泡芙、聖多諾黑。千層派的起源可以追溯到17世紀中期偉大的名廚La Varenne。19世紀初期的大齋戒又將千層派的料理進化，使用千層酥皮製作。這是個令人討厭的製程，並不特別複雜但需要一點巧手。千層派皮要等份三折並重複六次，稱為「簡單摺法」。很少人知道，若製程遵循六次簡單派皮摺法，我們會得到正好730層派皮中間夾著729層薄刷奶油（感謝知名分子學家Herve This的計算）。

到一家好的手工糕點店選擇三款你喜愛的糕點，或是自己製作。選擇三款甜白酒來搭配，例如：

• 梧雷（羅亞爾河）
• 居宏頌（西南區）
• 遲摘的格烏茲塔明那（阿爾薩斯）

你喜歡哪種搭法？食材有因為不同的酒而變得更甜／不甜嗎？

■請依三種糕點與甜酒完成下表。

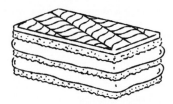

	糕點 A	糕點 B	糕點 C
梧　雷			
居宏頌			
遲摘的 格烏茲塔明那			

水果塔

派塔糕點指引了每一家的餐桌料理，無論派皮是沙布雷、甜油酥、千層或是糖霜（一種沙布雷的變化），自家做的最好吃。塔派是簡單易做的料理，又可依四季變化。我們可以做草莓、覆盆子、杏桃、蘋果、梨子、棗子、檸檬、橘子這些口味。也可以做成火焰派，加上鮮奶油或甜奶油（加糖打發），甚至是英式蛋奶醬。若我們想做綜合口味，可以試試翻轉蘋果塔或是檸檬蛋白霜塔。

塔派的歷史要追溯到中世紀，可以是鹹的也可以是甜的。布里亞—薩瓦蘭在Little晚餐時說過：「整桌菜有一塊超大烤牛肉，火雞使用火雞肉汁煮熟，熱騰騰的菜根，一盤生捲心菜沙拉，還有一個果醬塔。」

❶ 製作三款塔派（你可以邀請至親來與你享用！）並選擇三款甜白酒來搭餐，例如：
  • Grave-supérieures（波爾多）
  • 萊陽丘（羅亞爾河）
  • 灰皮諾（阿爾薩斯）
你喜歡哪種餐搭呢？塔派搭配不同的酒吃起來有比較甜／不甜嗎？
■ 請完成以下表格。

	塔派 A	塔派 B	塔派 C
	....	....	....
Graves-supérieures			
萊陽丘			
灰皮諾			

❸ 深入探討
  試試看同一種水果使用不同塔皮，或是同一種塔皮使用不同水果。若你希望輕盈一點的塔派，請不要加糖在水果裡，或是減少水果的用量。塔派會比較酸，但也會有較少焦糖。你可以從中得到什麼結論嗎？

餅乾、酥皮麵包、常溫點心…

在這個比較籠統的標題下，我們整合了所有沒有講到的點心。這裡剩下克拉芙緹布丁蛋糕、所有蛋奶製品、蛋白霜……常溫糕點既可以與家人一起製作，又是餐後愉快的點心。它會需要搭配甜酒，但絕對是帶有漂亮酸度的。

製作或購買幾款這類的糕點，選擇三種甜白酒並拿來搭餐，例如：
• 居宏頌（西南產區）
• 侏羅丘的麥稈酒（侏羅）
• 蜜思卡得選摘貴腐酒（阿爾薩斯）
你喜歡哪種餐搭？蛋糕搭配不同種的酒有變得比較甜／不甜嗎？

■ 請完成下表。

	蛋糕 A	蛋糕 B	蛋糕 C
	....	....	....
居宏頌			
侏羅丘的麥稈酒			
蜜思嘉選摘貴腐酒			

冰淇淋、雪酪與冰沙

冰淇淋在史前時代就有了，在那個時候，我們的祖先食用長毛象的冰淇淋。冰淇淋與雪酪的不同在於製作的材料：前者以牛奶或雞蛋為基底，後者則是……水做的冰淇淋。所謂的冷凍慕斯（crème glacée）是以鮮奶油取代牛奶，冰沙則是調味過的果汁冷凍後打成冰沙狀，或反過來，冰沙加入調味。

從化學的角度而言，冰淇淋或冷凍慕斯都非常複雜，如同料理界物理化學家Hervé This解釋的，是由食材的三種型態（固態、液態、氣態）與六種分離系統結合而成。市售冰淇淋可以這麼便宜，是因為在結構中加入大量的水與空氣。這都要歸功於20世紀中普及起來的家用冰箱的發明。

選擇三款冰淇淋或雪酪，以及三款你覺得不錯的甜酒。挑選不同的口味，例如檸檬（酸）、紅色水果（比較甜的），還有香草或咖啡口味的冰淇淋／雪酪。酒的部分，可以挑選例如：

• Loupiac, cadillac, sainte-croix-du-mont（波爾多）
• 貝傑哈克（西南產區）
• 蒙巴齊拉克（西南產區）

你喜歡哪種搭配？冰淇淋跟甜酒有搭嗎？

■ 請完成以下表格。

	冰淇淋 A	冰淇淋 B	冰淇淋 C
Loupiac, cadillac, sainte-croix-du-mont			
貝傑哈克			
蒙巴齊拉克			

慕斯、軟蛋糕與巧克力

巧克力是上帝恩賜的食材,可可的文化被認為是出自於西元前兩千年的墨西哥和宏都拉斯。16世紀末傳入歐洲後,熱巧克力深深擄獲了路易十四的心。在19世紀初期,布里亞—薩瓦蘭提供了當時的食譜:「大家都同意,烘烤過的可可豆混合肉桂和糖稱為巧克力。這就是巧克力的經典註解。」

我們已經分析過如何以有單寧的紅酒搭配黑巧克力。另一種經典搭法是與甜紅酒搭配。選擇一塊巧克力慕斯、軟蛋糕、一塊巧克力塔或甚至巧克力布丁。選擇三到四款甜紅酒,例如:

• Rivealtes
• Maury
• Banyuls
• 波特

你喜歡哪種搭法呢?巧克力與不同酒搭配有比較甜或不甜嗎?

■ 請準備以下三種不同口味的巧克力甜點與三款甜酒來完成這個表格。

	甜點 A	甜點 B	甜點 C
葡萄酒 A			
葡萄酒 B			
葡萄酒 C			

氣泡酒

氣泡酒算是特別的葡萄酒，它們因為氣泡而顯得較活潑緊緻，同時這個現象也因為加入微量的糖份而變得柔和。二氧化碳增強了酸度，以物理現象而言這更像是化學反應（刺激現象）。至於微量添加的糖份則增強了酒精的感受。白葡萄氣泡酒是雙指標性的，酸度結合氣泡感。

CRÉMANT還是CHAMPAGNE？

這取決於你的口味與預算，儘管這兩種酒都遵循一樣的釀法，卻是非常不同。Crémant de bourgogne品嘗起來是最像香檳的。

泡泡從哪兒來？

若酒是依循傳統法釀造（香檳和Crémant），氣泡是從瓶中二次發酵而來，也稱做**起泡**（prise de mousse）。一瓶750cc的酒瓶中大約有5公升的二氧化碳，相當於六個大氣壓力。總之，一瓶香檳裡有將近800萬個氣泡，也就是（大約）100萬個氣泡在一杯香檳杯中。

香檳裡的糖份呢？

無論是香檳區的香檳或Crémant，都有在除渣時加入微量糖份，這樣做可以除去二次發酵時光榮逝去的酵母，也就是起泡。還可以加入**利口酒**作為替代，這種做法就像賢者之石一樣都是機密。

Brut與Extra-brut

稱做Brut不甜型的香檳代表每公升含糖量為0-12公克，差距蠻大的。最近很紅的是Extra brut（少於6公克）和Brut nature（或Zero dosage不含糖，少於3公克）。理由呢？或許是因為全球都在流行少糖，有點是為了健康（糖不是好東西）。天才香檳酒農把北方的高酸葡萄酒打造成王牌，酸度是優秀香檳的

精髓……剛好它也是有含糖份的。一瓶釀得好的香檳是平衡又爽口的，Brut、Extra brut和Brut nature都適用這個準則。唯一的建議：品嘗吧！

混淆的詞彙

葡萄酒中不會有這種不清不楚的事，但以下這些卻常常造成我的新生們的困擾。我們稱沒有氣泡的酒為vin tranquille（靜態酒）。當我們說干型葡萄酒（vin tranquille sec），是指酒中沒有殘糖（或每公升少於2公克，總之幾乎為零）。注意：氣泡干型酒一般每公升都有17-23公克的殘糖。如何分辨香檳或Crémant裡的殘糖呢？

—Doux：每公升含糖高於50公克
—Demi-sec：每公升含糖32-50公克
—Sec：每公升含糖17-32公克
—Extra dry：每公升含糖12-17公克
—Brut：每公升含糖少於12公克
—Extra-brut：每公升含糖0-6公克

對於那些含糖量少於3公克，酒中沒有任何添加糖份的氣泡酒，則會冠上Brut nature、Pas dosé或Dosage zero等名稱。

氣泡酒的指標

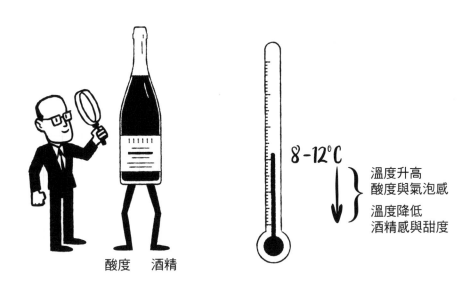

酸度　酒精

8-12°C

温度升高
酸度與氣泡感

温度降低
酒精感與甜度

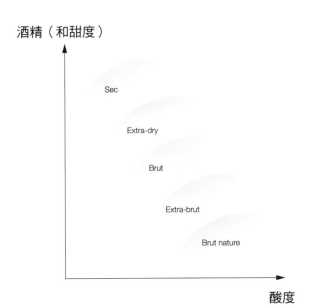

酒精（和甜度）

Sec

Extra-dry

Brut

Extra-brut

Brut nature

酸度

均衡度

這個概念是我們整個架構的基石。氣泡酒的均衡度建立在持久度（酸度與氣泡感）和圓潤度（酒精和糖份）之間的平衡。為了要在品飲時處於令人滿意的狀態，這些酒應該保持涼爽的溫度。再次提醒，低溫能減少圓潤的口感（酒精與糖份），並增加對酸度的感受以及舌尖上的氣泡感（持久度）。

品飲適溫

降低的溫度能強化持久度（酸度及氣泡感），並且減少圓潤度（酒精與糖份）。5℃以下味蕾就無法好好分辨各種味道。

氣泡酒的適飲溫度：8-12℃（口感非常複雜的香檳）

家用冰箱的溫度：大約5/6℃

室溫：21/22℃

老香檳

有些香檳或Crémant在酒窖裡熟成幾年後味道更好。在這個情況下，酒的氣泡會比較少，一部分的二氧化碳會隨著陳年時間釋放到瓶外，酒體相對也會獲得更複雜的香氣。這種酒會適合較高一點的品飲溫度，

約14℃。我們甚至可以把香檳倒進醒酒器裡。

餐酒搭配

氣泡酒與所有白酒的餐搭都很適合。感謝瓶中殘糖，氣泡酒也能與微甜的飯後甜點做搭配。例如手工冰淇淋與雪酪。義大利傳統是用Vino spumante（義大利氣泡酒）搭配糕點，但酒的甜度只能比Brut更甜（例如Extra-dry或Sec）。

應該在開胃菜時上香檳嗎？

這算是一個絕不會出錯的選項，無年份的Brut香檳是慶祝特別日子的完美首選，它扮演喚醒味蕾並為接下來的料理鋪路的角色。香檳，就像Crémant，什麼開胃小點、鹹點都遊刃有餘。它也能在整場餐宴中品飲，在這種情況下，我們會優先選擇較簡單的香檳做為開胃酒，白中白（blanc de blancs）搭配前菜的魚，特級香檳或年份香檳搭配主菜（肉類）。我們可以保留一點黑中白（blanc de noirs）來搭配漿果、莓果，甜一點的（Extra-dry或Sec）配甜點。

笛型香檳杯還是淺碟香檳杯？

關鍵是要在品飲時盡可能地保留二氧化碳的氣泡。如果酒農已費盡心思地保存這些氣泡，我們也別糟蹋他們的心意。這些香氣，藉由氣泡當媒介，會更容易散出。科學實驗指出，笛型香檳杯可以保留二氧化碳更長時間，同等份量的香檳，笛型香檳杯與空氣的接觸面積小於淺碟香檳杯。就把跟龐巴度夫人胸型一樣的淺碟模型留在櫥櫃裡吧，我們不要這個，請優先選擇苗條的笛型香檳杯。如果可以，喝下後請含在嘴裡，以便保留更多氣味。

香檳能從餐前品飲到甜點結束

一些餐酒搭配實例

按含糖量分

香檳	適合搭配的餐點	錯誤想法與誤導
不帶甜度（Brut, Extra brut）	— 湯品與開胃前菜 — 烤魚或醬燒魚 — 白肉 — 起司（藍紋除外）	— 水果塔 — 冰淇淋與雪酪 — 煙燻鮭魚 — 鵝肝醬
帶甜度（Extra dry, Sec）	— 水果塔 — 餅乾、糕點 — 鵝肝醬 — 藍紋起司	— 湯品與開胃前菜 — 冷盤（魚、肉類） — 綜合沙拉 — 海鮮

按品種分類

Brut香檳	適合搭配的餐點	錯誤想法與誤導
混合品種 （典型夏多內、黑皮諾、莫尼耶）	— 白肉 — 起司（藍紋除外） — 鹹派（洛林鹹派等）	這裡很難定義「錯誤想法」。依葡萄品種分類的餐搭是精細的搭法。以白中白搭配鹹派或混品種的香檳搭配魚肉料理，都不會帶來恐怖至極的餐搭。
白中白	— 烤魚或醬燒魚 — 綜合沙拉 — 湯品與開胃前菜	
黑中白	— 醃製肉品、火腿 — 乾煎蘑菇 — 帶醬汁的肉、火雞 — 飛禽、野味	

尋找均衡點

選擇一種你喜歡的氣泡酒（香檳或Crémant），並尋找均衡點的溫度。這個點會出現在酒適合品飲的溫度時，對持久度的感受（酸度和氣泡感）應該與圓潤度（糖份和酒精）達到平衡。就像你所懷疑的，這個概念有些主觀，均衡點依你而定，最重要的是如何感受到它。

請試試一瓶預先冰鎮至5-6℃的酒（剛拿出冰箱），再隨著練習慢慢回溫。

■請寫下你的感受和每次的品飲溫度。

溫度 ＿＿＿＿℃　　溫度 ＿＿＿＿℃　　溫度 ＿＿＿＿℃　　溫度 ＿＿＿＿℃　　溫度 ＿＿＿＿℃

■請把每一次的品飲標示在以下座標圖上。

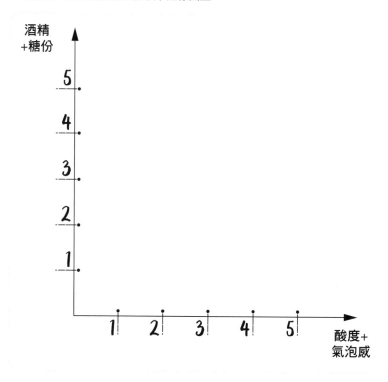

開胃小點

製作或購買一些開胃小點和玻璃杯小食，最好是鹹的。選擇三種酒，為了比較和了解氣泡感，請選兩款氣泡酒和一款白酒。白酒的選擇，如果你喜歡俐落口感的話，可以考慮羅亞爾河的蘇維濃（Sauvignon）或蜜思卡得。你喜歡哪種搭配呢？餐點與氣泡酒搭配有沒有平衡呢？

■ 請利用以下表格記錄三款酒與三款小點。

	小點 A	小點 B	小點 C
氣泡酒 A			
氣泡酒 B			
白　酒			

137

醃製肉品

最容易搭配氣泡酒的餐點非它莫屬。請購買火腿（帶巴西利的）、鹽漬肉片、義式香腸和不同種的肉凍。選擇三種酒，為了比較和了解氣泡感，請選兩款氣泡酒和一款白酒。白酒可以選擇布根地的夏多內（所有產區），或任何你喜歡的。

你喜歡哪種搭法？餐點與氣泡酒搭配有沒有達到平衡呢？

■ 請利用以下表格記錄三款酒與三款醃製肉品。

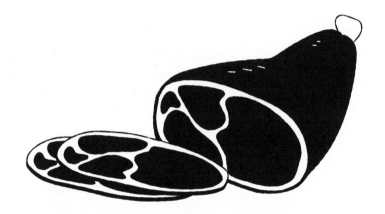

	餐點 A	餐點 B	餐點 C
氣泡酒 A			
氣泡酒 B			
白　酒			

魚類料理

香檳與Crémant很適合拿來搭魚類料理，不論是烤的、煮的、整條料理、加醬的或簡單淋上橄欖油的。請準備三種不同方式料理的魚和三種酒，為了比較和了解氣泡感，請選兩款氣泡酒和一款白酒。白酒可以從前面的練習裡選擇，或選其他你喜歡的。
你喜歡哪種搭法？餐點與氣泡酒搭配有沒有達到平衡呢？

■ 請利用以下表格記錄三款酒與三道魚料理。

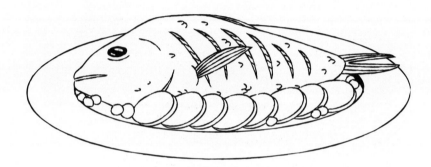

	魚料理 A	魚料理 B	魚料理 C
	....	....	....
氣泡酒 A			
氣泡酒 B			
白　酒			

甲殼類

這兒又來了一種容易與氣泡酒做搭配的美味出色料理，選擇幾種甲殼類；螃蟹、鰲蝦、蝦子、龍蝦。選一些簡單的調味，不要太搶戲（如果你想維持在相同的調性上，請簡單的滴少量橄欖油、一點美乃滋或用龍蝦濃湯調成的醬汁）。

挑選三款酒，為了比較和了解氣泡感，請選兩款氣泡酒和一款白酒。白酒可以從前面練習的建議裡選擇，或選其他你喜歡的。

你喜歡哪種搭法？餐點與氣泡酒搭配有沒有達到平衡呢？

■請利用以下表格記錄三款酒與三道甲殼類料理。

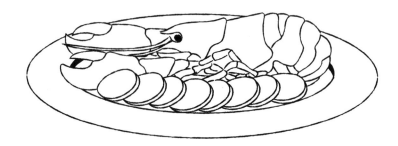

	甲殼類 A	甲殼類 B	甲殼類 C
氣泡酒 A			
氣泡酒 B			
白　酒			

起　司

提到香檳和Crémant時，我們總是忘了起司。當然，它們很容易與白酒搭配，但為什麼不也試試氣泡酒呢？
餐搭也很適合熱的起司料理，像是起司鍋或是Raclette烤起司。選擇幾款你特別喜愛的起司，並在與親朋好友享用起司鍋或Raclette烤起司時做這次的練習。
挑選三款酒，為了比較和了解氣泡感，請選兩款氣泡酒和一款白酒。白酒可以從前面練習的建議裡選擇，或選其他你喜歡的。
你喜歡哪種搭法？餐點與氣泡酒搭配有沒有達到平衡呢？

■ 請利用以下表格記錄三款酒與三種起司。

	起司 A	起司 B	起司 C
氣泡酒 A			
氣泡酒 B			
白　酒			

甜　點

我們認為，這個時候應該找一些有點殘糖的氣泡酒。請跟你的葡萄酒商詢問Extra-dry的香檳（12-17克的含糖量）或Sec（17-32克）。水果塔是這類酒的最佳良伴，有甜味但又不會太多。你也可以試試冰淇淋，或甚至雪酪。

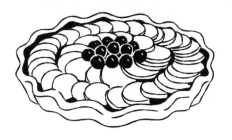

❶ 挑選三款酒，為了比較和了解氣泡感，請選兩款氣泡酒和一款白酒。白酒可以從前面練習的建議裡選擇，或選其他你喜歡的。
　你喜歡哪種搭法？餐點與氣泡酒搭配有沒有達到平衡呢？
　■ 請利用以下表格記錄三款酒與三種甜點。

	塔派 A	塔派 B	塔派 C
氣泡酒 A			
氣泡酒 B			
白　酒			

❷ 我們前面試過了塔派與甜酒搭配（課程11練習7）。你比較喜歡哪種餐搭呢？

那麼鵝肝醬呢？

為什麼不試試香檳搭配鵝肝醬呢？我們已經嘗試過鵝肝配甜白酒了（課程11練習3），但Sec或Demi-sec的香檳能夠帶來更多的清新氣泡。舌尖上的氣泡能喚醒口腔，並使餐搭更為清爽。

選擇兩款香檳，一款Sec或Demi-sec，和一款Brut，以便感受其差別。使用單純鵝肝搭酒，和鵝肝配一片小麥麵包以及一片布里歐奶油麵包。

你可以藉此機會與親朋好友一起嘗試這個練習，並比較大家的結果。你喜歡哪種搭配？鵝肝搭配不同的酒有比較甜或比較不甜嗎？

■ 請利用三種鵝肝吃法與三款酒完成以下表格。

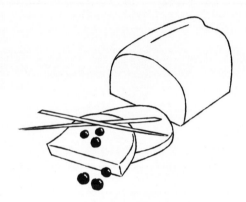

	鵝肝單吃	鵝肝配小麥麵包	鵝肝配布里歐奶油麵包
Brut香檳			
Sec或 Demi-sec香檳			

課程 13

粉紅酒

粉紅酒是以紅葡萄的透明果汁釀造，浸皮的時間算短。果皮與果汁接觸的時間縮短，使得顏色的轉移很輕微，單寧的轉移也幾乎不易查覺。

餐搭時，我們一般會把粉紅酒當成白酒，這種酒由兩種成分組成：圓潤度（酒精與糖份）和持久度（酸度）。我們可以輕鬆搭配平時搭白酒的所有料理：魚肉、蝦蟹貝類、沙拉、蔬菜、起司和醃肉製品。

粉紅酒的知名度

粉紅酒在法國非常普及。從1994年起，粉紅酒的銷量比白酒還多。可惜的是，粉紅酒往往被當成開胃酒，很少拿來搭餐。

請看以下幾個生產粉紅酒的區域和一些知名產區：

- 羅亞爾河谷地：Cabernet-d'anjou
- 布根地：Bourgogne rosé
- 香檳區：Rosé-des-riceys
- 波爾多：Clairet或Bordeaux rosé
- 隆河谷地：Tavel
- 普羅旺斯：邦斗爾
- 西南產區：Bergerec

粉紅酒的釀造法

有好幾種釀造粉紅酒的方式；使用紅葡萄，除了極少的例外，葡萄都有帶色的外皮，但果汁都是澄清的。在浸皮過程中，當果皮與果汁接觸時，顏色會轉移。

情況1：若浸皮時間算短，像是幾小時或一個短短的晚上，些微的顏色轉移就開始了。這就是浸皮法粉紅酒。

情況2：如果是在紅酒浸皮時先抽出一些果汁，我們可以得到放血法（saignée）的粉紅酒。抽出的果汁呈現淡粉色，發酵後就成了粉紅酒。

情況3：我們也可以在採收後一點一點地壓榨葡萄，榨汁中就形成顏色轉移。這就是榨汁法粉紅酒。

情況4：我們可以用一半白酒一半紅酒做成粉紅酒嗎？在法國，唯一准許使用這種方法的是香檳產區，這就是攙合法粉紅酒。

陳　年

除了極少的例外（某些邦斗爾的粉紅酒、普羅旺斯產區的某些特級園），粉紅酒不適合在酒窖長放。專家說的那些年份酒又另當別論，當新的一季來臨時，就應該把上一季的粉紅酒喝完。商業角度而言，幾乎不可能販賣一瓶老年份的粉紅酒。

干型與甘型

粉紅酒有時候是干型，有時候……是甘型。有殘糖的粉紅酒不算少見，糖份加強了酒的結構（感覺不那麼輕盈），當然也增加了圓潤度，有殘糖的粉紅酒較甜美。當我們想起那個Rosé Piscine（大概就是：在一個大杯中加入120 cc的粉紅酒和一些冰塊），品飲的關鍵就是酒裡的糖份，完全就像雞尾酒裡的甜味（不是添加的，就是酒精形成時留下的）。當我們以粉紅酒搭餐時，要特別注意這個區別。若殘糖量大時，餐搭會傾向與Demi-sec的酒差不多（請見甜酒章節）。若甜度非常低，甚至沒有，那餐搭會像干型白酒的搭配。

整年都喝粉紅酒？

粉紅酒是依季節慢慢出貨的，只有在氣候宜人的4月到10月之間販賣。整年都可以喝粉紅酒，有些人喜歡在下班回家後來一杯粉紅酒。

粉紅酒在比利時

粉紅酒在比利時一樣有語區分別。荷語區的人比較喜歡白酒，瓦隆（Wallon）的人（法語區）則比較喜歡粉紅酒，就像他們的法國鄰居。

粉紅酒的釀造法

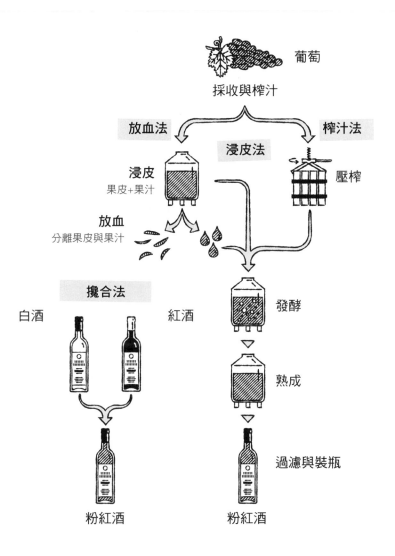

葡萄

採收與榨汁

放血法　　　　　榨汁法

浸皮法

浸皮
果皮+果汁

壓榨

放血
分離果皮與果汁

攪合法

白酒　　　　　　紅酒

發酵

熟成

過濾與裝瓶

粉紅酒　　　　　粉紅酒

ROSÉS CLAIRETS 淡紅酒

Clairet（淡紅酒）是波爾多產區出產的。它們擁有深粉紅的顏色，接近色澤明亮的紅酒。

Clairet的冠名是依照傳統，受歐盟條款保護。歷史上，這些酒看起來和中世紀的酒很像，也很受英國人喜愛。英國人？別忘了，自從亞奎丹的艾莉諾（Aliénor d'Aquitaine）再婚後，亞奎丹公國，也就是整個省都

歸化到英格蘭帝國底下了。

「在畫出埃吉耶爾（esguières）、葡萄酒、淡紅酒、甜酒、奶油小圈餅、所有的塔派後：他刻意全都品嘗了一遍。」

François Villon, *Les Repues franches* ■

尋找均衡點

選擇一款你喜歡的粉紅酒,並尋找均衡點的溫度。這個點會出現在酒適合品飲的溫度時,對持久度的感受(酸度和氣泡感)應該與圓潤度(糖份和酒精)達到平衡。就像你所懷疑的,這個概念有些主觀,均衡點依你而定,最重要的是如何感受到它。
請試試一瓶預先冰鎮至5-6℃的酒(剛拿出冰箱),再隨著練習慢慢回溫。

■請寫下你的感受和每次的品飲溫度。

溫度 ....℃   溫度 ....℃   溫度 ....℃   溫度 ....℃   溫度 ....℃

■請把每一次的品飲標示在以下座標圖上。

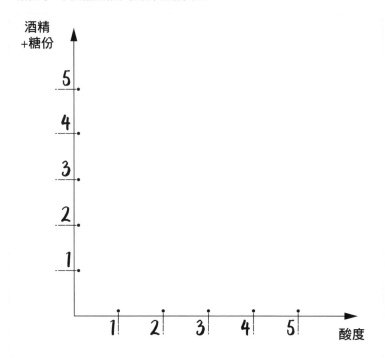

干型粉紅酒搭餐

與白酒搭配的料理一般都適合與干型粉紅酒搭配。就品飲的角度來說，粉紅酒就是粉紅色的白酒，但帶有一些特殊的香氣。在普羅旺斯這個粉紅酒的集中地，一般會聞到一些戊醇（amyliques）的香氣：香蕉、紫羅蘭、英國軟糖……。粉紅酒適合料理中有特別香氣的時候，並為賓客帶來眼睛為之一亮的感覺。

我們建議你使用白酒章節的練習套用到粉紅酒上。記錄下，例如，你的賓客對鰈魚佐穆斯林蛋黃醬搭配粉紅酒的感受。這裡有幾個干型粉紅酒的想法：

• 波爾多淡紅酒
• 布根地粉紅酒
• 普羅旺斯粉紅酒（請與你的酒商確認）

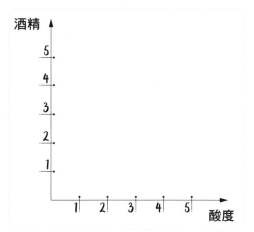

■ 請利用下表及座標圖記錄不同的嘗試。

	料理 A	料理 B	料理 C
	....	....	....
波爾多淡紅酒			
布根地粉紅酒			
普羅旺斯粉紅酒			

小竅門

請選購一些黑色的玻璃杯，可以在一般超市購買。讓賓客以黑色杯子飲用粉紅酒，並且不要亮出酒瓶。把餐點與酒（在黑色杯子裡）端上桌，討論這樣的餐搭。在吃了幾口且討論餐點告一段落時，向賓客揭曉這個小竅門。

竅門中的竅門

接著提供賓客白酒，依舊使用黑色杯子。會有一半的人拿到粉紅酒，另一半拿到白酒。大家不知道各自的酒不一樣。讓討論開始一段時間，當每個人都說了自己的想法時，把酒瓶拿出來，並告訴大家分別拿到什麼酒。

甘型粉紅酒搭餐

亞洲料理有時會辣，很適合搭配微微殘糖的粉紅酒。糖份可以緩和辣的灼熱感。請試試幾道你喜歡的菜餚，並適量加點辣椒醬。

選擇三款帶甜味的粉紅酒，例如：

• 梧雷
• 安茹的卡本內（Cabernet-d'anjou）
• 阿爾薩斯的灰皮諾

你喜歡哪種搭法呢？料理與粉紅酒搭配有平衡嗎？辛香料的味道有降低嗎？

■ 請完成以下表格。

	料理 A	料理 B	料理 C
梧雷			
安茹的卡本內			
阿爾薩斯的灰皮諾			

小竅門

上一個練習的小竅門也適用於這次的練習。

北海的灰蝦

對我而言，手剝的灰蝦是最珍貴的美食，我超愛的。接下來的練習要獻給最受比利時人歡迎的佳餚。

灰蝦相對來說價格較高，但遠比紅蝦或白蝦美味太多。灰蝦並不一定要熟食，可以做成沙拉，加入些許手做美乃滋或簡單的灑上橄欖油。我們也可以挖空番茄，填入蝦子和一點美乃滋，番茄鑲蝦會是一道爽口又完美的前菜。當然，蝦子是最受歡迎的炸物食材，幾乎是比利時的國民美食。一定要詢問餐廳炸蝦丸子是否為自家做的，工廠生產的炸蝦丸子裡面都不會有蝦蟹，通常這種炸丸子裡的蝦比手指還少。

若你還想知道更多灰蝦料理，這裡有幾個想法：灰蝦焗烤蛋、鱈魚或鰈魚佐灰蝦、香煎灰蝦佐香菜與綠檸檬、灰蝦酪梨沙拉、焗烤苦苣佐灰蝦。

請選擇三到四種不一樣種類的粉紅酒來品飲，例如：
• 波爾多的淡紅酒
• 普羅旺斯的粉紅酒
• 阿爾薩斯的灰皮諾

你喜歡哪一種呢？灰蝦搭配粉紅酒有平衡嗎？
你喜歡吃熟的還是冷的呢？粉紅酒喜歡甘型還是干型呢？

■ 請利用以下表格記錄三道灰蝦料理與三種粉紅酒的餐搭。

	料理 A	料理 B	料理 C
粉紅酒 A			
粉紅酒 B			
粉紅酒 C			

第四章

其他酒類

這個章節將讓你一些了解其他酒精飲料的竅門，帶你認識啤酒和所謂的烈酒。我們應該知道這不是一堂要學到巨細靡遺的課程，啤酒的款式多到和葡萄酒一樣。烈酒也是相同的問題，各式琴酒、伏特加、干邑、萊姆酒、威士忌等等，多得和中文字一樣。你會得到最有用的基礎，並運用啤酒的主要分類和烈酒的一些原則來搭餐。

一頓美味餐點的成功秘訣就是那些令人驚喜的細節，這些小細節會讓人感受到不一樣。如果你送上一杯冰鎮過的伏特加搭配鵝肝？或是一杯三倍啤酒配上起司盤？在不否定葡萄酒是美食饗宴的調劑這樣的特性結構下，你將越來越熟悉如何愉悅你的味蕾並讓你的賓客驚豔。

課程 14

啤 酒

基本上，啤酒是經由人工釀造的發酵穀物汁液。啤酒釀造師從最初的乾燥原料（大麥製的麥芽、小麥）和水，調配出糊漿並加以燒煮，就成了麥汁（le moût）。並在煮沸的過程中，發酵之前，加入那特有的啤酒花。這個動作會讓啤酒同時帶有苦味的調性和特殊風味（像是百香果或檸檬味）。

從品飲的角度來看，啤酒和葡萄酒最大的不同有三點：

- 大量的泡沫，也就是許多的細小氣泡；
- 有結構的苦味調性，除了一些特例；
- 酒精濃度較低，較不易蓋過食物的酸度、鹹味或苦味，讓餐搭變得更加微妙。

啤酒也因其中（無法發酵的）殘糖而擁有偏油質的酒體。有時會帶有緊澀的尾韻，讓人想起某些在橡木桶中熟成的葡萄酒單寧味。

啤酒的種類

啤酒分類是自成一格的，這讓許多頂尖專家相當苦惱——當然他們也要煩惱其他問題。我們整理出七種主要且易於辨認的啤酒種類。其中還需要加進分類之外的艾比啤酒（Bière d'abbaye）和／或特拉皮斯修道院啤酒（Trappistes）。其他還有稱為白啤酒的啤酒，由於未經過濾而色澤朦朧，並含有大量小麥。

拉格／皮爾森

這類的金黃色啤酒在市上很常見，屬於低發酵啤酒。皮爾森（Pils）一定是清澈的淡色，拉格（Lager）的色澤則可呈現朦朧、琥珀或深褐色。這兩種啤酒有著中等酒體架構、清新且酒精濃度不高（一般在3-5%）。這類型的啤酒非常適合當開胃酒。

金黃啤酒／三倍啤酒

金黃啤酒（Blonde）的特徵來自「酒袍」的顏色，三倍啤酒（Triple）則是酒精濃度較高的金黃色啤酒（主要是9%，但有些可高達11%）。這類的啤酒非常有結構性，酒勁強烈，有時帶有濃厚的戊醇氣味（香蕉、紫羅蘭）。它們能與起司搭出美妙的滋味。

棕色啤酒／雙倍啤酒

棕色啤酒（Brune）的特徵來自酒袍的顏色。若啤酒的色澤為淡棕色，我們稱之為琥珀啤酒。雙倍啤酒（Double）則是酒精濃度較高的棕色啤酒（大約是7%）。大多時候，但不是每次，這類啤酒會有燒烤或煙燻調的香氣。這個味道是來自烘烤的大麥芽，同時也是啤酒顏色的來源。它們很適合搭配焦糖類和巧克力的甜點（法式布丁、焦糖奶酪、巧克力慕斯）。

黑啤酒／斯陶特（Stout）啤酒

黑啤酒（Noire）的酒袍顏色深邃不見光。嗅覺上會有焙炒、甚至煙燻的氣味。我們會認為這類的啤酒酒勁很大，實際上卻不是這樣。現榨的英式生啤或愛爾蘭生啤（Stout/Porter）酒精濃度相對低（4%）。這類啤酒能與煙燻類的餐點（魚料理、豬肉料理）和黑巧克力演示完美的搭配。

苦啤酒／印度式淡艾爾

印度式淡艾爾（IPA）的啤酒類型擁有非常多的啤酒花。一般而言，它們有著顯著的複雜調性、水果香氣或花香。當然，還有那些乾草和修剪過的青草氣息，在品飲上帶來苦澀的特性。這類型的啤酒與干貝、苦白菜或朝鮮薊都很搭。由於苦味能喚醒味蕾，苦啤酒（Amère）能當做有趣的餐前酒，也可以在餐後或甜點前稍做休息時提供。

季節啤酒／風味啤酒

季節啤酒（Saison）的酒精濃度都不會太強，一般都是琥珀色，也多會使用辛香料。這類型的啤酒在餐酒的搭配上顯得有趣，當然每個季節都不盡相同，所以每款啤酒都必須先試飲。若是可以拿風味啤酒入菜，那餐酒運用辛香料調性在固態和液態上的連結會變得很好玩。

啤酒種類與特性

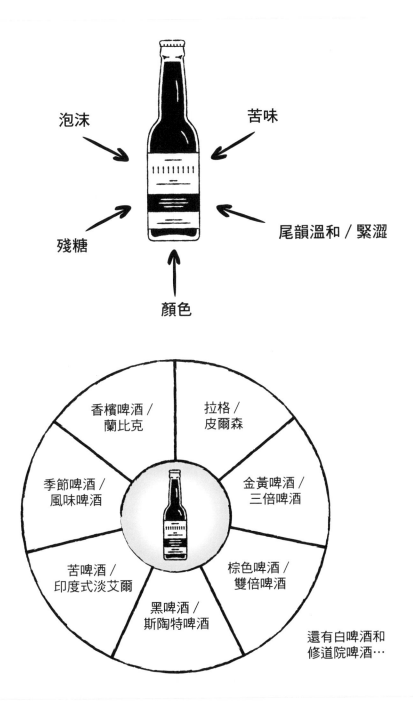

泡沫

苦味

殘糖

尾韻溫和 / 緊澀

顏色

香檳啤酒 /
蘭比克

拉格 /
皮爾森

季節啤酒 /
風味啤酒

金黃啤酒 /
三倍啤酒

苦啤酒 /
印度式淡艾爾

棕色啤酒 /
雙倍啤酒

黑啤酒 /
斯陶特啤酒

還有白啤酒和
修道院啤酒…

香檳啤酒／蘭比克（Lambic）

這就是最接近葡萄酒愛好者所認識的啤酒啦：略帶苦味，甚至完全不苦、有酸度、漸消的泡沫。我們可以把它稱為啤酒和葡萄酒之間「失落的一環」。香檳啤酒（Gueuze）是啤酒中最容易搭餐的；它適合所有料理種類：蔬菜、魚類、紅肉、白肉等等。唯一需要注意的是含糖的餐點。

均衡性

你知道這個概念是最基本的。一杯有甜度的啤酒是由以下成分組成：圓潤度（酒精和殘糖）與持久度（酸度、氣泡和苦味）。

苦味的餐酒搭配

苦澀味是一種有持久度的味道，它會強化酸度和氣泡感。最美味的餐搭方式便是使用**掩蓋法**（詳細要點請參閱「葡萄酒與巧克力的搭配」相關章節）。

食材的苦澀味會被啤酒的苦味掩蓋掉，讓食物吃起來不會那麼苦。試試看煨苦白菜（菊苣）搭配IPA或是扇貝搭富有啤酒花味的啤酒，你會感受到食物好像比較柔和、不那麼苦了。

啤酒與起司

不論你是看哪一本關於啤酒的書籍，起司的搭配肯定占了一個重要的版面。在不追求特別詳盡或概括而論的情況下，以下的分類表能幫助你稍做選擇。當你下次享用起司拼盤時，試著提供一些搭配的啤酒，保證會得到滿意的驚喜。

溫 度

啤酒適飲溫度應該在6-8℃，越是清淡的啤酒溫度要越低。對某些三倍啤酒或皇家斯陶特啤酒（酒勁強烈且濃郁的斯陶特），飲用溫度可以到10℃。為了保持整瓶啤酒的飲用溫度，必須留意不要一次倒出。

份 量

給每位賓客都倒滿330cc是沒有必要的。啤酒是拿來分享的，尤其搭配餐點時。一瓶330cc的啤酒可以給三個人品飲，這樣剛好每人110cc，而啤酒也能維持在適合品飲的最佳溫度。若還覺得意猶未盡，再開第二瓶也沒問題。

品飲杯

使用INAO杯（也稱鬱金香杯）可以完美品飲啤酒，或是直接使用葡萄酒杯。其實不需要特別去找有品牌的杯子，它們大部分都長得像聖餐杯。除了行銷手法或美化商品之外，這些杯子很少是優質的品飲杯。

啤酒種類	一些適合搭配的起司種類
拉格／皮爾森	新鮮未熟成的帶皮起司：reblochon, saint-nectaire, saint-marcellin
金黃啤酒／三倍啤酒	白黴起司：brie, coulommiers, brillat-savasin 硬質熟起司：comté, abondance 半硬質熟起司：reblochon, saint-nectair
棕色啤酒／雙倍啤酒	藍紋起司：bleu d'auvergne, roqufort
黑啤酒／斯陶特，例如皇家斯陶特（比司陶特更加濃郁香甜）	藍紋起司：bleu d'auvergne, roqufort
苦啤酒／IPA	洗浸皮起司：maroille, munster, livarot, époisse 或熟成起司：mimolette, parmesan, comté extra-vieux
季節啤酒／風味啤酒	辛香料羊起司
香檳啤酒／蘭比克	除了藍紋起司之外的所有起司

啤酒的各個面向

圓潤度
酒精
殘糖

持久度
酸度
苦澀味

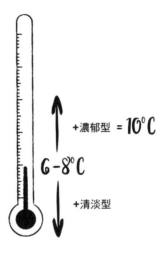

+濃郁型 = 10°C

6 - 8°C

+清淡型

「啤酒就該拿來分享」

INAO品飲杯
也叫鬱金香杯

有些專業人士會使用專門的啤酒杯，
稱做特酷杯Teku

找出均衡點

選擇幾款你喜歡的啤酒，盡可能地多樣化（顏色深淺、苦味多寡），並找出適宜飲用的溫度。這個均衡點會在飲用溫度剛好的時候出現。味覺上的殘糖感和酒精感（圓潤度）會與酸度、苦味和氣泡感（持久度）的感受達到平衡。就像你所質疑的，這個概念確實有點主觀，均衡點是依你而定，重要的是要理解如何去感受。

使用預先冰鎮過的啤酒試試看（從冰箱拿出，5-6℃），一邊練習一邊慢慢讓啤酒回溫。

■記下啤酒在每個溫度品飲時的感受。

	溫度 ＿＿℃	溫度 ＿＿℃	溫度 ＿＿℃	溫度 ＿＿℃	溫度 ＿＿℃
啤酒 A ＿＿＿＿					
啤酒 B ＿＿＿＿					
啤酒 C ＿＿＿＿					

把啤酒放在座標圖上檢視好像過於簡化。以品飲而言，我們可以著重在酒精感、酸度和苦味的調性、香氣、口感（結構或醇度）還有尾韻：看看是否緊澀、柔和，或在這之間？

■記下品飲啤酒後的各種感受。

起　司

和啤酒搭配的經典食物就屬起司了。選擇幾種你喜愛的啤酒和起司，請特別試試這些：

- Brie de Meaux或Camembert
- Comté或Beaufort jeune
- Gouda extra-vieux或Mimolette或Parmesan

啤酒的部分請選擇不同的口感和顏色。你喜歡哪種搭配呢？你覺得哪款啤酒適合什麼樣的起司呢？

■ 請完成以下表格。

	Brie de Meaux/Camembert	Comté/Beaufort	Gouda/Mimolette
啤酒 A			
啤酒 B			
啤酒 C			

藍起司

藍起司又稱藍紋起司，是世上最美味的起司之一。起司的口感非常有層次：油脂、甜味、鹹味，還有布里亞—薩瓦蘭稱之為肉脂味的鮮味以及讓人為之瘋狂的香氣。請到起司專門店選擇三種不同的藍紋起司，例如：侯克霍、奧弗涅藍起司、史提頓等等。

選擇三種啤酒並嘗試做搭配。請特別試試棕色甜啤酒和皇家斯陶特。

你喜歡哪種搭法呢？搭配啤酒，起司的味道有變得比較甜／鹹／膩嗎？

■ 請把這三種啤酒和起司記錄在以下表格。

	藍紋起司 A	藍紋起司 B	藍紋起司 C
啤酒 A			
啤酒 B			
啤酒 C			

糕　點

你知道的，技術悠久的傳統法式糕點當前，本作家也抵擋不了：千層派、閃點泡芙（只限巧克力口味）、巴黎─布列斯特泡芙、聖多諾黑、還有蘭姆巴巴。這些糕點的優勢在於相對容易在優質的糕點店購得，省得廚房被弄得亂七八糟。

請選擇三種啤酒並試著搭配以上的幾款糕點。試試看像是三倍啤酒（金黃啤酒）、或是雙倍啤酒（棕色啤酒）、甚至是皇家司陶特或某些季節啤酒。

你喜歡哪種搭法呢？你覺得哪些啤酒適合搭配哪些糕點呢？

■ 請將三款啤酒和三款糕點記錄在以下表格。

	糕點 A	糕點 B	糕點 C
啤酒 A			
啤酒 B			
啤酒 C			

巧克力甜點

這是經典的棕色啤酒或黑啤酒的搭配法：以可可為基底、巧克力類的甜點（巧克力慕斯、閃電泡芙、熔岩巧克力蛋糕、巧克力塔或是巧克力布丁）。請選擇三種棕色／黑啤酒來練習。

你喜歡哪種搭法呢？巧克力搭配不同的啤酒，甜度和苦味有不同嗎？

■ 請將三款啤酒和三款甜點記錄在以下表格。

	甜點 A	甜點 B	甜點 C
啤酒 A			
啤酒 B			
啤酒 C			

水果塔

啤酒對杏桃、蘋果、梨子等等的塔類點心（沙布蕾、油酥塔皮、千層派皮）的提味都很有趣，還有翻轉蘋果塔和檸檬蛋白霜也是。

選擇三種啤酒並練習餐搭，特別試一下三倍啤酒、棕色啤酒／黑啤酒和季節啤酒。

你喜歡哪種搭法呢？你有覺得不同的啤酒會讓哪種派塔的甜度改變嗎？

■ 請完成以下表格。

	派塔 A	派塔 B	派塔 C
啤酒 A			
啤酒 B			
啤酒 C			

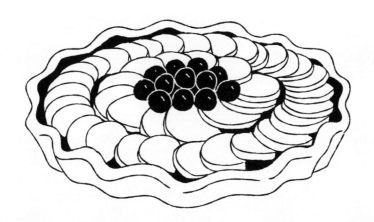

烈　酒

蒸餾酒，顧名思義就是蒸餾器蒸餾出的產物。製酒師利用純水與乙醇不同的沸點，先是加熱，接著冷卻。這樣做便能分離水中的酒精，並得到那著名的生命之水（l'eau de vie）。五千年前就開始使用的蒸餾器稱做alambic（取自阿拉伯文「長角的帳篷頂」al-anbiq）。生命之水能以草本、辛香料或是像木桶熟成來添加風味，造就了蒸餾酒的多樣性。生命之水的稱法則是源自中世紀追求長生不老的煉金術士。

實驗室的蒸餾器

以品飲的角度來說，烈酒與葡萄酒最大的不同在於：
- 至少40%的強烈酒精濃度；
- 添加物，琥珀色的烈酒添加了焦糖，使其口感滑順甜美。

餐搭法則

如我們所見，乙醇擁有抹除的能力，能夠抵消料理中的鹹味、苦味、酸味、甚至是鮮甜味。若餐點中的味道可與烈酒中同樣的芳香產生共鳴，那就會是美妙又驚豔的餐搭了。

為了讓此章節化繁為簡，我們將著重在烈酒本身而非調和，以純飲或加冰塊來品飲。若你希望認識的是調酒，那會多出無限的可能性而偏離本主題。

烈酒的種類

烈酒的分類不是太簡單，我們選擇了幾個主要的品項，依蒸餾的方式、年代和地區做介紹，不過這些也都會隨著時間變動。一般而言，我們會區分為：蒸餾白酒，沒有過桶的；琥珀色烈酒，過桶——一般會加入焦糖。另一些人還會再區別出葡萄蒸餾酒和其他使用穀物、種子或水果發酵製成的烈酒。

伏特加

這款源自俄羅斯及波蘭的蒸餾酒，使用了多種原料：穀物、甜菜、蘋果、馬鈴薯……。伏特加屬於蒸餾白酒，一般而言無色無味，是烈酒最純粹的象徵。伏特加的品質在於嚴格的細膩氣味。這款烈酒是無比美妙的餐搭，例如**鵝肝醬、煙燻鮭魚、生蠔**，甚至是那些很難搭配、含有醋或檸檬的料理。

琴　酒

這款飲品是以蒸餾出種子（大麥、黑麥、玉米）的酒精而製成，如同威士忌。這款酒使用辛香料來添加風味，有些是眾所皆知的，有些則是獨家秘方。若料理能提取琴酒中的幾種辛香料風味，那餐搭便會像歡慶佳節一般：請試試**杜松子佐鮭魚，煙燻原味**都可以；還有**含八角調性的茴香或芹菜沙拉**。

威士忌

這是一種穀物蒸餾的酒（小麥、玉米、燕麥、黑麥、與啤酒一樣的大麥麥芽），在橡木桶中熟成至少三年。以品飲的角度來說，現在的趨勢將威士忌分為沒有經過泥煤煙燻的威士忌與擁有濃厚泥煤味的威士忌，而後者讓人趨之若鶩。有些威士忌也會有濃郁的碘酒味。餐搭的選擇非常多，有碘酒調性的威士忌適合搭配**海鮮料理**，泥煤威士忌適合搭配**煙燻類**食材，甚至是**藍紋起司**。另一個經典搭法則是威士忌配**巧克力**。

蘭姆酒

蘭姆酒是以蔗糖蒸餾製成。此款烈酒能在橡木桶中陳年，若沒有，色澤則呈現白酒的無色。如同威士忌，老年份的蘭姆酒較為搶手。蘭姆酒適合搭配**巧克力口味的甜點、提拉米蘇、燒烤帶殼海鮮**和起司。你也來發掘自己喜歡的搭法吧。

烈酒的種類與特性

鹹味、苦味、酸味、甜味的食材　　　　蒸餾烈酒

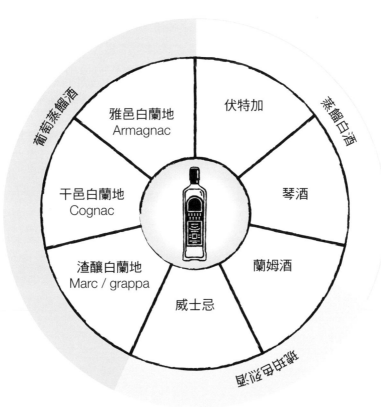

渣釀白蘭地

渣釀白蘭地（Marc/Grappa）這個家族集合了所有葡萄汁釀造的烈酒。根據不同產區，名字也會不一樣。在義大利稱為grappa。在法國的渣釀白蘭地le marc一般會在木桶中陳年，而義大利的grappa白蘭地，就算有看到琥珀色的，通常都還是無色居多。以濃醇酒香的白蘭地作為餐後酒能為這頓晚餐劃上愉快的句點，以下這些餐點都相當適合：**常溫蛋糕、甜點、起司**。

干邑白蘭地

依照法規，在Charente產區釀的蒸餾酒稱為干邑，所使用的蒸餾器稱為Charentais。此款酒必須在橡木桶中陳年至少30個月。這也是法國最有名的蒸餾烈酒，有98%的產品外銷至國外。烈酒大師們在干邑的風味分析輪中整理出至少63種香氣。餐搭的話非常適合**野味**、一些**熟成起司**像是帕瑪森或米莫萊特起司，和任何以**可可**為基底的料理。

雅邑白蘭地

前者的兄弟，也是由葡萄做成，在前加斯科尼省（ancienne Gascogne）釀造。這款生命之水是以雅邑蒸餾器所釀造，並陳年至少12個月。雅邑白蘭地是專門的年份酒，要獲得你生日那年的雅邑白蘭地是完全有可能的。雅邑白蘭地能夠輕鬆搭

配各式**醃漬物、香煎鵝肝、白肉料理**。

VS、VSOP、XO⋯

干邑的等級標示代表了此款酒的最低陳年時間：

- 兩年：VS（Very Special）、☆☆☆
- 三年：Supérieur、Cuvée supérieure
- 四年：VSOP（Very Sperior Old Pale）、Réserve
- 五年：Vieille Réserve、Réserve rare
- 六年：Très vieille Réserve、Napoléon
- 十年：XO（Extra Old）、Hors d'âge、Impérial

雅邑與干邑的香氣

雅邑的釀造師集合了依調性分門別類的香氣，並隨著陳年時間的演進釋放而出。年輕的雅邑在蒸餾器中發展出怡人酒香和煮熟水果的香氣，以及花香調性。較老年份的雅邑則見證了蒸餾烈酒與木質調的完美結合（類似甜點調性的錯覺），隨著時間慢慢轉變成水果及木質調性。經過二十年陳年後，大多數的雅邑被歸類為Rancio；一種用來稱呼陳年白蘭地的說法。（資料來源：Bureau national interprofessionnel de l'armagnac）。

干邑所含的香氣中，最多的五大類為：香草、李子乾、焦糖、柑橘和杏桃。剩下的香氣則分成四種

調性：清新的花香調；具圓潤感的橙柚香調、新鮮果香和熱帶水果調；以及辛香料調性，像是生薑、甘草、香草或焦糖；最後，烘烤調性像是咖啡、菸草、烤麵包，和雪松、檀香木的味道。（資料來源：Bureau national interprofessionnel de l'armagnac）。

均衡度

這是個關鍵的概念，蒸餾烈酒的均衡度建立在整體的組合，而酒精則占了大部分。飲用溫度非常重要；在可能的情況下，或是有人要求，請兌入些許純水甚至是冰塊。

品　飲

照理來說，香氣會因為兌了一點水而散發得更芬芳。有些人會隨身攜帶小型噴灑器用來精確兌入水份，但這其實是畫蛇添足。一杯美好的烈酒完全可以加入冰塊品飲，這不是嚇人的事。重要的是你自己如何感受。

至於嗅聞香氣時，我們需避免鼻子太接近杯緣，以免酒精濃度的灼熱感干擾嗅覺。經典的INAO杯是品飲時的最佳選擇，你只需要倒入約幾十cc，注意鼻子和杯子間的距離，品飲就開始了。

品飲蒸餾烈酒

各種形式的蒸餾酒瓶

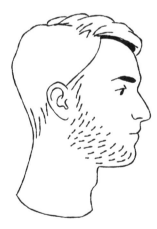

鼻子需要遠離杯緣，
以便更好的判斷香氣

尋找均衡點

選擇幾款你喜歡的烈酒,並尋找溫度的均衡點,這個點就是此款蒸餾烈酒適合飲用的溫度。酒精感應該與其他味道的感受保持平衡。就像你現在的疑惑,這個概念多少有些主觀。均衡點是由你來決定,重要的是了解如何去感受。

試試看加冰塊和不加冰塊的烈酒,你可以使用不同種的烈酒來練習(琴酒、威士忌、伏特加⋯⋯),或者同一款不同變化的烈酒(香草威士忌、煙燻威士忌、泥煤威士忌)。建議你可以吐掉或是只飲用極小口,避免最後醉得一塌糊塗。

■ 利用以下表格記錄你品飲的烈酒。

	溫度 ⋯⋯⋯℃	溫度 ⋯⋯⋯℃	溫度 ⋯⋯⋯℃	溫度 ⋯⋯⋯℃	溫度 ⋯⋯⋯℃
烈酒 A ⋯⋯⋯⋯					
烈酒 B ⋯⋯⋯⋯					
烈酒 C ⋯⋯⋯⋯					

■ 寫下你對不同種的烈酒的感受。

鵝　肝

這是一個利用鵝肝餐搭的創意訓練，使用鵝肝冷盤或香煎鵝肝都可以。請選擇三款烈酒，其中一款要是伏特加。準備好易入口的鵝肝和香煎鵝肝。

你喜歡哪種搭配呢？相較於之前練習的甜酒搭餐，鵝肝和烈酒的搭法比較有均衡感嗎？

■ 請完成以下表格。

	鵝肝冷盤	香煎鵝肝
伏特加		
烈酒 B		
烈酒 C		

肉製品與火腿

最容易搭烈酒的餐點就屬臘肉與火腿了。準備好各種帶油花的火腿、醃肉、義式火腿及肉凍。選擇三款蒸餾烈酒，包含兩款琥珀色烈酒。

你喜歡哪一種搭配呢？相較於之前練習的餐酒搭法，食材與烈酒的搭配有更為均衡嗎？

■ 請完成以下三款酒和三款肉製品的表格。

	肉盤 A	肉盤 B	肉盤 C
烈酒 A			
烈酒 B			
烈酒 C			

練習 4

海　鮮

蒸餾烈酒與魚類料理能搭出美味的餐搭，尤其是煙燻，甚至一些甲殼類料理。請選擇三種烈酒。如果你手邊有泥煤威士忌，那就非常完美。食材的部分，請試試鱒魚或煙燻鮭魚。那也請嘗試醃漬生鮭魚，這道來自瑞典的料理是以鹽、胡椒、糖、油和蒔蘿來醃製鮭魚。

哪種搭配是你喜歡的呢？相較於之前試過的葡萄酒，搭配烈酒的佳餚有更能展現均衡度嗎？

■ 請完成以下表格。

	鮮魚料理	煙燻魚料理	醃製魚料理
泥煤威士忌			
烈酒 B			
烈酒 C			

練習 5

甲殼類

這類佳餚與烈酒的搭配非常容易。請選擇一些甲殼類料理：螃蟹、龍蝦、小龍蝦、蝦、螯蝦，甚至是貝類（尤其生蠔）。

選擇三款烈酒，其中至少一款為伏特加。

你喜歡哪種搭法呢？相較於之前練習的葡萄酒搭餐，甲殼類料理有更能展現均衡度嗎？

■ 請完成以下表格。

	甲殼類 A	甲殼類 B	甲殼類 C
伏特加			
烈酒 B			
烈酒 C			

起　司

經典的烈酒搭餐就屬起司了。請依你的喜好選擇不同種類的起司和飲品。

烈酒的部分，請特別嘗試：

● 威士忌
● 不太有琥珀色的蘭姆酒
● 渣釀白蘭地
● 干邑白蘭地或雅邑白蘭地

起司的部分，你可以試試看：

● 洗浸起司，如époisses或livarot
● 熟成起司，如comté（熟成）或是瑞士起司（如maréchal或étivaz）
● 藍紋起司，如侯克霍（羊起司）或是史提頓（牛起司）

你喜歡哪種搭配呢？你覺得哪款烈酒搭配哪種起司比較好呢？

■請完成以下表格。

	起司 A	起司 B	起司 C
	....	....	....
威士忌			
....			
蘭姆酒			
....			
渣釀白蘭地			
....			
干邑／雅邑			
....			

■請寫下你的品飲感受。

餐後甜點與甜食

根據經驗，這是最美味的烈酒搭餐。一定要嘗試所有傳統甜點：聖多諾黑、千層派、蘭姆巴巴、巴黎—布列斯特泡芙、巧克力泡芙和慕斯、焦糖布丁、提拉米蘇……。水果塔也是優秀的選項之一，還有別忘了冰淇淋與雪酪，高濃度的酒精能平衡雪酪與水果的酸度。

請選擇三款蒸餾烈酒與三款餐後甜點或甜食。烈酒的部分，請特別試試：

- 琥珀色渣釀白蘭地或無色渣釀白蘭地
- 干邑白蘭地（年輕的，例如VS）或雅邑白蘭地（年份酒）
- 威士忌（調合威士忌或帶點泥煤味的）

你喜歡哪種搭配呢？相較於之前練習的甜酒，你覺得甜點和烈酒的搭配有更加平衡嗎？

■ 請完成以下表格。

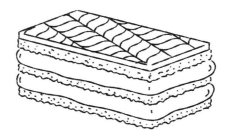

	甜點 A	甜點 B	甜點C
	....	....	....
渣釀白蘭地			
....			
干邑／雅邑			
....			
威士忌			
....			

巧克力的各個面向

巧克力是神賜的食物。可可的文化可以追溯至西元前2000年的墨西哥及宏都拉斯。巧克力在16世紀末引進歐洲,熱可可讓路易十四朝廷上下為之瘋狂。19世紀初經歷了巧克力的普及化,布里亞—薩瓦蘭提供了當時的食譜:「大家都同意,烘烤過的可可豆混合肉桂和糖稱為巧克力。這就是巧克力的經典註解。」

我們已經分析過如何以單寧重的紅酒和甜酒搭配黑巧克力(詳見課程10練習17和課程11練習10)。另一種經典搭法就是跟蒸餾烈酒。請考慮巧克力慕斯、熔岩巧克力、巧克力塔、巧克力布丁或黑巧克力蛋糕。
請選擇三到四種烈酒,例如:
● 琥珀蘭姆酒
● 泥煤威士忌
● 陳年雅邑白蘭地
● XO干邑白蘭地
你喜歡哪種搭法呢?你覺得巧克力跟烈酒搭配有變得更甜或不甜嗎?
■ 請依照你所選的三種甜點與三款烈酒完成以下表格。

	巧克力甜點 A	巧克力甜點B	巧克力甜點 C ....
烈酒 A			
烈酒 B			
烈酒 C			

解 答

這裡提供的圖表解答純粹是做為參考用。在象限圖裡，葡萄酒的部分（5,1）代表X軸的酸度為5分（滿分5），Y軸的單寧為1分（滿分5）；餐搭的部分（5,1）代表X軸的油脂度為5分（滿分5），Y軸的食材湯汁為1分（滿分5）。白酒的餐搭中，我們只著重在X軸上（葡萄酒的酸度和食材的油脂度）。

課程1

練習1

❶ 品嘗檸檬汁可以了解自然界裡酸度最酸的飲料。哈密瓜的pH值為5.7，柳橙為3.8，檸檬為2.5（平均值）。
注意：pH 7為中性，大約像是口水，低於pH 7就會是酸的。

❷ 加水會稀釋pH值，並柔化檸檬汁的酸度。

❸ 加糖會使檸檬汁的平衡改變，pH值是一樣的（檸檬汁還是保有同樣的酸度），但是加糖讓我們對酸度的感受減弱。這在某種程度上也算是餐搭的一種（糖份會使酸度感起不了作用）。

❹ 飲品酸度感的下降研究依序是：純檸檬汁、稀釋檸檬汁、加糖檸檬汁。

酸／甜度座標圖：純檸檬汁（5,1）、稀釋檸檬汁（3,1）、加糖檸檬汁（3,3）。

練習2

酸度感和酒精感是會隨之變化的。法國北邊的葡萄酒均衡感著重在酸度；相反地，南法的葡萄酒均衡感則較著重在酒精濃度。波爾多及隆河的葡萄酒則是在這之間（北緯45度）。

練習3

❶ 在葡萄酒中加入糖後，酸度感減少，和檸檬汁一模一樣（請見練習1之❸）。與此同時，也稍微強化了酒精感。

❷ 必須注意的是白酒的兩大

組成：酸度與酒精濃度，這兩種感受是會隨之變化的。當我們從法國北邊到南邊，葡萄酒的架構整體而言會從著重在酸度感變為著重在酒精感。

酸度／酒精濃度座標圖：蜜斯卡得（5,2）、夏布利（4,3）、伯恩（3,3）、波爾多白酒（3,4）、隆格多克白酒（2,5）。

練習4

葡萄酒之中，感覺最不酸的是室溫下的甜白酒；最酸的是冰鎮過（但不是加冰塊）的白酒；最後，干型白酒在室內溫度下的酸度則介於兩者之間。值得注意的是，加入糖份會減少酸度感，就像提高溫度一樣。
注意：5℃以下味蕾會因為冷而麻木。對酸度的感受會像對其他的成分一樣減少。

酸度／酒精濃度座標圖：5-6℃的白酒（5,1）、21-22℃的白酒（2,4）、22℃的甜白酒（1,5）。

練習5

酸度和酒精濃度相關的感受會隨著溫度升高而變化。溫度越高，酸度感降低，酒精感則會變強，葡萄酒喝起來會較重且濃郁。相反地，溫度越低酸度感增加而酒精感降低。葡萄酒的最佳飲用溫度，在於如何讓酒的價值顯現……一切依你而定。

課程2

練習1

❶ 這三款葡萄酒（蜜斯卡得、波爾多或隆河、隆格多克）大致上由法國北邊到南邊依序是：酸度感減少而酒精感增加。這是個大趨勢且取決於每座葡萄園和每家酒莊。均衡度的概念算是主觀的，有些作家認為布根地的白酒能體現完美的均衡度（像是Mersault或Chassagne-montrachet）。

❷ 有時候，酸度／酒精濃

度軸線的法國產區論與習題裡的不一定一致。葡萄藤的栽種和釀造方式，尤其是酸度調整和在發酵前加糖（chaptalisation），能夠在南法釀出酸度高的白酒，在北部釀出酒精濃度高的白酒。

❸ 常理而言，南法的葡萄酒會帶有較多酒精感，能夠承受較低的溫度（藉以增強它們稍弱的酸度並減少酒精感）。北邊的葡萄酒則會帶有較多酸度，能夠承受升高的溫度（藉以降低它們稍強的酸度感並增加酒精感）。請注意，這些都是大方向而已。

練習2

❶ 一般而言由北到南，酸度減少、酒精濃度增加。把布根地的葡萄酒按這個順序排列：夏布利、伯恩和普依-富塞，酸度最高的葡萄酒在夏布利，最低的酒在普依-富塞，伯恩則界在這之間。用相同的方式排列波爾多和西南產區的葡萄酒：優質波爾多、格拉夫和貝傑哈克。最後，在羅亞爾河產區，緯度差不多都相同。蜜斯卡得是酸度最高的酒，梧雷和松塞爾擁有漂亮的酸度，但較低於蜜斯卡得。

❷ 請見練習1之❸。

❸ 夏布利＞馬沙內＞伯恩＞普依-富塞

練習3

❶ 在所有提到的酒當中，西班牙的維岱荷無庸置疑是最酸的。不過，多數釀酒師會加入少量用來發酵的糖份以降低強烈的酸度（請見課程1的練習3之❶）。Frioul的白酒，特別是皮諾品種或當地Friulano品種都有漂亮且均衡的酸度。最後，那些大洋洲的葡萄酒，紐西蘭的白蘇維濃比澳洲的夏多內要來得酸。如果你比較紐西蘭和羅亞爾河的白蘇維濃，紐西蘭的酸度感會少很多。
我們可以認為Frioul的白酒是最均衡的，但別忘了這個概

念算是主觀的。

酸度／酒精濃度座標圖：維岱荷（5,2）、澳洲夏多內（2,5）、紐西蘭白蘇維濃（3,3）、Friulano（4,3）

❷ 請見練習1之❸。

練習4

這是個重要的練習，能夠讓你成為細膩的品飲者，並迅速分辨葡萄酒中的酸度感、酒精感，以及這之間的均衡度。

練習5

❶ 白酒的均衡度應該是圍繞在酸度與酒精濃度之間的感受。

❷ 黑醋栗香甜酒的添加，能緩和酒裡的酸度並增強酒精感。微高的溫度會帶出酒裡的甜度和酒精濃度，略低則是帶出酸度。

❸ 我的學生常常在學習葡萄酒工藝一段時間後跟我說，他們開始欣賞較酸的餐搭與葡萄酒。你也有同樣的情況嗎？

課程3

練習1

❶ 當白酒與莫札瑞拉起司搭配時，起司中的油脂能夠抵消酒中的酸度，葡萄酒嘗起來會比較不酸。雖然口中的油脂和酸度值都是一樣的，但酒嘗起來沒這麼酸，起司也沒這麼膩。每一次的作用都能讓結果更好，葡萄酒更酸／不酸，起司更油膩／不油膩。

❷ 同樣地，起司嘗起來更加不膩。

象限圖：莫札瑞拉（4,0）、蜜斯卡得（5,0）。

練習2

莫札瑞拉搭配橄欖油的菜餚比單吃莫札瑞拉更有油脂感。它需要酸度感比練習1更重的酒。若你使用與練習1相同的酒來嘗試，你會覺得酒更加不酸，而菜餚更膩（加了橄欖油）。

油就像所有液態脂類（例如乳狀荷蘭醬和伯那西醬汁），是一種主要的調味。它能平衡較酸的葡萄酒，無論選擇什麼菜餚，你都能加入些許橄欖油在備料中來調整酒的酸度。

象限圖：莫札瑞拉＋油（5,0）、蜜斯卡得（5,0）。

練習3

❶ 想像你有三種類型的酒：羅亞爾河的（酸度強烈），布根地的、隆河谷地的或波爾多的（酸度適中），和隆格多克與普羅旺斯的（酸度最弱）。麵包配橄欖油沾醬與最酸的（羅亞爾河）白酒非常搭，與布根地、隆河及波爾多的白酒搭起來還可以，最不搭的是法國南部的酒（隆格多克或普羅旺斯）。為了達到均衡，橄欖油的油脂感需要大量的酸度來平衡。

象限圖：麵包＋油（5,0）、微酸的白酒（2,0）、非常酸的白酒（5,0）。

❷ 麵包與奶油搭配時，若我們花時間讓奶油在口中融化，口感幾乎是一樣的。但如果沒有，麵包／奶油會顯得較不膩，以中等酸度的葡萄酒來做這種餐搭更為適合。

❸ 這個練習是用來比較麵包（單吃）與麵包加脂類沾醬（橄欖油或奶油）和不同酒的餐搭。較不酸的酒適合搭配麵包單吃，相反地，酸度較高的酒則適合搭配麵包與沾醬（橄欖油與奶油）。

練習4

❶ 根據所選的酒，較不酸的酒適合搭配無調味的莫札瑞拉，酸度較高的酒適合搭配橄欖油調味的莫札瑞拉。加入檸檬的話會使這個結構瓦解，大量的檸檬汁是很難搭餐的，而且會毀了餐搭。這裡要特別注意，因為很多白肉、魚肉料理、沙拉等等都會使用到檸檬。

❷ （非常稀釋的）檸檬汁可以平衡酒精濃度高的葡萄酒。

課程4
練習1

❶ 以橄欖油調味的莫札瑞拉加上一點稀釋過的檸檬汁是相互制衡的搭配。酸度最高的葡萄酒（蜜斯卡得）與油脂感的菜餚相當搭配，而酒精濃度高的葡萄酒（隆河谷地的白酒）適合搭配有酸度感的菜餚（稀釋過的檸檬汁）。你比較喜歡哪種搭配呢？這些搭法都是取決於醬料的調味與……你的喜好。

❷ 酒精濃度高的葡萄酒能夠中和稀釋檸檬汁的酸度。

❸ 請見❶。

練習2

葡萄酒中的酒精（乙醇）也可以中和菜餚中的鹹味（莫札瑞拉裡的鹽份還有添加的一小撮鹽）。鹹味感越高，越適合搭配酒精濃度高的葡萄酒。

練習3

❶ 一頓融合了酸味、鹹味與苦味的佳餚，例如芝麻葉沙拉，應該搭配酒精濃度高的葡萄酒來均衡。

❷ 若是餐搭裡的酒酸度不均衡，我們可以加入橄欖油。若餐搭裡的酒精感不均衡，試著再加一些稀釋過的檸檬汁或一小撮鹽。

練習4

葡萄酒裡的酒精（乙醇）也可以中和菜餚中的苦味（例如那些苦味來自燒烤的料理）。苦味越強，越適合搭配酒精濃度高的葡萄酒。

練習5

干貝是苦味濃度高的料理。無調味的時候，它適合搭配酒精濃度高的葡萄酒。若你加入一小撮的鹽，口中的味道應該會與酒中的酒精感達到均衡。相反地，干貝本身的結構與添加的油（或烹調時加入的脂類）會需要搭配酸度較高的葡萄酒。請記住，葡萄酒裡的酒精是如何使其達到均衡的？哪一種搭法適合呢？這沒有標準答案，每一位侍酒師都有自己的想法。最佳的答案就是那個你最喜歡的味道。

練習6

❶ 稀釋過的鮮榨檸檬汁能與蘭姆酒中的酒精（乙醇）達到均衡。

❷ 若酸度太高，我們可以加入一點蔗糖來平衡（請見課程1的練習1之❸）。

❸ 請見課程2的練習5之❸。

課程5
練習1

❶ 建議以這三種白酒（白皮諾、薄酒萊、隆格多克丘）搭配湯品。

象限圖：番茄湯（5,2）、薄酒萊白酒（3,0）、過橡木桶的白酒（3,1）。

❷ 若湯品有搭配白酒的話，它應該會是在餐點的一開始就上桌，在開胃菜、上第一道菜前。以品飲的角度來說，餐搭適合紅酒（葡萄酒中的單寧能均衡湯品，請見此章節）。

練習2

普羅旺斯燉菜適合搭配酒感強的葡萄酒（隆河白酒或隆格多克丘的白酒），它們能均衡菜餚中的醬料。這就是所謂在地菜搭在地酒。過橡木桶的白酒也算適合，橡木桶中的單寧能均衡料理中的醬汁。

象限圖：普羅旺斯燉菜（3,5）與隆格多克過橡木桶的白酒（3,1）

練習3

煮熟的蛋黃在口中呈現糕狀，甚至泥狀。它與有酸度的白酒相當搭配。若蛋黃與涼的乳霜狀醬料混合，像是美乃滋，則更為匹配。鹹派是與白酒餐搭的經典組合，油酥塔皮和雞蛋奶霜餡料與擁有美味酸度的白酒相當搭配。此外，引人注意的是法國北邊的洛林鄉村鹹派與同樣是北部產區的酒搭配（漂亮的酸度）。

沙拉適合搭配大多數的葡萄酒，但也需要注意醬料。無論何種搭法，在吃了油醋醬後都需要吃口麵包或喝杯水來清理口中的味蕾。

象限圖：美乃滋（4,2）、松塞爾（4,0）

練習4

豆類擁有豐富的澱粉與纖維，澱粉讓菜餚的味道更加柔和，請別與甜點中的糖份混淆。柔和的口感能輕鬆平衡酒裡的酸度。若你有準備調味料──一般人很少吃只汆燙、什麼都不加的扁豆，一點奶油或橄欖油可以為料理帶來些許油脂的溫潤感。這也適合搭配有酸度的葡萄酒。也別找了，白酒會是你餐搭的最佳友伴。調味料的添加（基本上是鹽）能夠搭配南法的葡萄酒，這類的酒擁有較高的酒精（乙醇）濃度。

象限圖：油煎馬鈴薯（4,2）、隆格多克白酒（3,0）。

練習5

穩定乳化的醬料，不管是熱的或冷的，都擁有至少50%的脂類，也就是脂肪。它們與帶有酸度的白酒非常搭配。

象限圖：伯那西醬（5,1）、阿爾薩斯的白皮諾（4,0）

練習6

魚類料理需要全熟處理，吃在口中會感覺乾澀，醬料（橄欖油煎魚塊）能讓整體口感變得滑順。相對的，這與白酒中的酸度非常搭。若魚料理是以燒烤方式處理，像傳統地中海盆地料理，我們會強化苦味（請見課程4的練習4）。這種情況下，酒精濃度高的葡萄酒，像是南法的酒，就很適合。請見地區餐搭的說明。

解 答

象限圖：烤魚（2,1）、隆河白酒（3,0）

練習7

甲殼類是全熟料理，以醬汁或橄欖油調味，它與相對有酸度的白酒相當搭配。依料理方式與調味料的種類，白酒會帶出酸度或酒精感。也請見課程4的練習5。

象限圖：烤龍蝦（3,1）和伯恩丘白酒（3,0）

練習8

相較於紅肉料理，白肉料理通常是全熟處理，頂多稍微帶一點點生。美味的豬肉或小牛肉料理能夠完美的搭配白酒。若是準備了稍微偏濃稠的醬料，就需要搭配較有酸度的白酒。若肉類是以燒烤料理，或是有很多調味，就需要酒精濃度較高的葡萄酒。若你偏好紅酒，請在研讀相關章節後重做這個練習。應該先選擇帶有酸度、單寧感較少的紅酒。

象限圖：馬德拉醬烤小牛（3,3）、薄酒萊白酒（3,0）。

練習9

可以試試甜酒與芥末小牛胸腺，也可以搭配有酸度、單寧少的紅酒：羅亞爾河的卡本內弗朗或薄酒萊的加美，或是老年份的紅酒（柔化的單寧）。請讀完紅酒的部分後再重做這個練習。

象限圖：芥末小牛胸腺（5,2）、陳年波爾多紅酒（3,2）。

練習10

❶ 醃製肉品是所有菜餚中最具油脂的。在這堂課中，答案應該毫無疑問的就是：帶酸度的白酒。

象限圖：乾式熟成火腿（5,0）、蜜斯卡得（5,0）

❷ 若你偏好紅酒，請特別選擇擁有少量單寧和漂亮酸度的紅酒。里昂的豬肉製品與加美是歡樂搭法，就解釋了區域風土的餐搭。

練習11

❶ 麵類是煮熟的澱粉，可以搭配白酒（請見練習4）

它所搭配的醬料是非常濃郁的，但也非常提味。油脂感方面適合搭配白酒中的酸度，白酒中的酒精感則適合鹹味、酸味及苦味。哪樣算是好的餐搭呢？依你的喜好而定。

象限圖：青醬義大利麵（3,2）、貝沙克—雷奧良白酒（3,0）

❷ 若你偏好紅酒，請重看本章節的練習8和練習10。

練習12

❶ 與 ❷ 義大利侍酒師偏好以簡單的啤酒搭配披薩，這也是我個人喜歡的搭法。擁有漂亮酒精感的白酒可以用來平衡調味。漢堡的餐搭算是有難度的。根據使用的醬料、其他食材（起司）和肉的熟度，你可以選擇有酸度的白酒（七分熟的肉或濃稠的醬料），或酸度中等及有過桶的白酒（三分熟的肉、細緻或提味的醬料），若芥末的醬料太重，就需要酒精感更多的白酒來維持平衡。

課程6

練習1

除了藍紋起司，請特別選擇白酒或啤酒。若你有塊帕瑪森起司，則任何紅酒都行得通。

象限圖：Brie de Meaux（5,1）、阿爾薩斯的麗絲玲（5,0）。

練習2

❶ 這個餐搭不適合，醋的強烈酸度會造成味道在口中分離，酒會感覺不協調。若你加了更多的醋，結果可能會更慘烈。

❷ 用麵包或水來清潔口腔情況雖然不是最好的，但至少可以避免分崩離析的口感。

練習3

❶ 這個餐搭不適合，生蠔強烈的鹹味會造成味道在口中分離，酒會感覺不協調，若你加了檸檬汁，結果可能會更慘烈。

❷ 用麵包或水來清潔口腔情況雖然不是最好的，但至少可以避免分崩離析的口感。這就是生蠔都會配麵包和奶油的用意，它能夠讓酒的餐搭更加完美。

❸ 請見課程15練習5。

練習4

❶ 這個餐搭不適合，鮭魚的煙燻味和鹹味會造成味道在口中分離，酒會感覺不協調。若你加入檸檬汁，情況會更加慘烈。

❷ 用麵包或水來清潔口腔情況雖然不是最好的，但至少可以避免分崩離析的口感。這就是烤鮭魚都會配麵包和奶油的用意，它能夠讓酒的餐搭更加完美。

❸ 單寧重、擁有過桶形成的煙燻口感的紅酒，是最適合搭配煙燻鮭魚的葡萄酒。

課程7

練習1

❶ 黑巧克力比較苦且充滿單寧，在口中感覺乾澀。至於白巧克力，事實上並不含可可粉，它會帶來黏稠和甜的感覺，也會讓人口渴。黑巧克力較不膩且較不甜，它也會造成口渴的感覺。你在吃巧克力時不妨注意一下，口渴的感覺會因為口水的產生而慢慢減少。

❷ 巧克力中的單寧會遮蓋咖啡中的單寧，反而讓咖啡沒這麼有單寧感、較不苦、較不酸。你剛剛會到的就是隱蔽效應。小竅門：隱蔽效應也會從另一個方向來運作，若你先喝了不加糖的黑咖啡再品嘗黑巧克力，就會感覺巧克力的味道更加柔軟、更有果香味、也較少乾澀感。簡而言之，較少單寧感。

練習2

❶ 三角形三維圖代表葡萄酒在三大成分裡的均衡度：酒精、酸度、單寧。這裡指的是當你品飲時所感受到的均衡度。

❷ 你剛體驗了第二種隱蔽效應。黑巧克力隱藏了收斂感；當你吃完黑巧克力，紅酒喝起來會比較沒有單寧感、較柔軟、較酸、較多果香味。在三角形三維圖裡，它會在比之前更下面的地方（單寧軸線的最下面）。

要記得：單寧會隨著隱蔽效應運作，富含單寧的東西（咖啡或巧克力）會使單寧感飽和，之後再吃到的東西會顯得較沒有單寧味（收斂感）。因為隱蔽效應的關係，紅酒中的單寧與黑巧克力非常搭。你有看過某些人在吃完飯之後同時喝了咖啡和酒嗎？理由很簡單，就是隱蔽效應，你會感受到較少葡萄酒或咖啡的單寧，完全取決於哪一樣先喝。

練習3

請見練習2之 ❶ 。

練習4

❶ 糖份的添加會改變葡萄酒的平衡，酒裡還是有一樣多的單寧和酸度，但你會覺得較少單寧感而且較不酸。葡萄酒的圓潤感（酒精與糖份）會平衡持久度（酸度和單寧）。

❷ 若你喜歡葡萄酒的單寧感在座標軸的上端，你算是喜歡單寧重的葡萄酒。反之，若單寧是落在座標軸的下方、酸度的上方，你喜歡的是有酸度且較少單寧感的酒。這些都只是舉例，口味會隨著季節、一天之中的時間和生命中的時間而變化。

練習5

❶ 較低的溫度加強了持久度的感受，也就是單寧感（收斂感）。從冰箱拿出來的葡萄酒（5-6℃）會比17-18℃的葡萄酒來得更有單寧感，也比21-22℃的葡萄酒更有單寧感。這就是品飲布根地紅酒與波爾多紅酒時需要不同溫度的解答。布根地的紅酒比波爾多紅酒擁有較少單寧，所以需要在較低溫度下品飲才能加強黑皮諾的單寧

感。相反地，波爾多紅酒在太冷的溫度下品飲，口感則會太硬（太多單寧），稍微高一點的溫度可以柔化單寧感。簡而言之，單寧感重的紅酒（波爾多、西南產區的紅酒）不應該在溫度太低的情況下品飲，否則會感到太硬（單寧感的強化）；較少單寧的紅酒（布根地、薄酒萊），應該在較涼的溫度下品飲，否則會喝起來太軟（單寧的柔化）。

❷ 一段時間後，酒精的感覺會變得不舒服。溫度要控制不能超過18℃，否則酒精感會凌駕於上。同樣的，比5-6℃更低的溫度則會麻痺所有感受。

練習6

葡萄酒經過醒酒器會使單寧變得柔軟，葡萄酒會變得更順口且較少單寧感。在三角形座標軸上，它會在沒過醒酒器的酒下面。想徹底了解這個現象，請把酒對分，倒入半瓶到醒酒器，然後與沒有進醒酒器的酒來做比較。當然，這需要兩只一樣的酒杯。這是個簡單又有趣、我也時常建議學生做的練習。

練習7

均衡點是依照你個人的喜好而定。我個人喜歡在稍微涼一些的溫度下品飲波爾多或是南法的酒，這可以降低酒精感並強化酸度和單寧的成分。

課程8

練習1

❶ 酸度、酒精與單寧的感受會隨著不同地區而變化。法國北邊的酒（布根地、薄酒萊、羅亞爾河）有著較少單寧和較多酸度的均衡感。相反地，法國南邊的酒（西南產區、胡西雍、隆格多克）則擁有較多單寧且較不酸。波爾多或隆河的酒則介於這兩類之間。

❷ 當北法的葡萄酒冰鎮過，

單寧感和酸度感會增加，但酒精感會減少。相反地，若南法的葡萄酒變熱，單寧感和酸度感會減少，但酒精感會增加。適宜的飲用溫度是依照你的口味喜好而定的。

練習2

❶ 和❷ 這三個例子分別說明了：一般而言，梅多克的酒會比聖愛美濃的酒更具單寧感，主要種植於梅多克的卡本內蘇維濃，是比種植於聖愛美濃的梅洛更具單寧感的品種。吉恭達斯的葡萄酒比起克羅茲—艾米達吉的酒（較酸）單寧感更重，酒精感也較強（灼熱感）。這主要是由於隆河谷地北面（幾乎接近希哈產區）與南面不同的葡萄品種。最後，夜丘的葡萄酒應該會比伯恩丘的葡萄酒來得較有單寧感。這是因為土壤及日照面的不同。

❸ 若我們品飲相同產區、相同年份的酒（例如，全部都是村莊級），夜聖喬治（Nuits-Saint-Georges）的酒和哲維瑞—香貝丹（Gevery-Chambertin）的酒都有單寧的問題。伯恩的酒在單寧感上則較為順口。Rully的葡萄酒則會更加滑順。夜聖喬治＝哲瑞維—香貝丹＞伯恩＞Rully。

練習3

❶ 答案取決於你選擇的酒和產區，相信你自己的口味。

❷ 請見練習1之❷。

練習4

這是最有趣的練習了，由你記錄！

練習5

這是練習4的超棒加值。你與朋友們完成的練習是對付無聊的最佳武器，更不用說還可以讓你藉此發現你可能不會購買的酒而進步神速。

課程9

練習1

❶ 你剛完成了第一個中和練

習，普羅旺斯燉菜的汁與紅酒中的單寧相互平衡。在象限圖上，燉菜的油脂感為2/5，燉菜的汁則是5/5，卡歐的紅酒酸度可以達到3/5，單寧則可達到5/5，這些區域的大小可以比較出酒中的單寧能夠中和料理時的油脂調味。這是很好的餐搭方式，口中的單寧依然是一樣多，但會感覺少了一點乾澀感，燉菜沒這麼多汁。這就是所謂有來有往的餐搭例子。意思是說，每口的搭配結果會勝過總的搭配，紅酒提供／喪失單寧，而燉菜能給予／喪失醬汁感。

請留意，應該還是要專注在菜餚和葡萄酒的濃郁和持久程度，還有餐搭後後味道的尾韻。燉菜和紅酒的搭配是很棒的。

❷ 當口中有點單寧的乾澀時，燉菜嘗起來較沒這麼多汁，反之亦然。

練習2

❶ 肉乾很乾（感謝La Palice先生），紅酒中的單寧會讓口中更加乾澀。這樣的餐搭是很困難的。

❷ 橄欖油是主要的調味料，它能夠平衡（一點！）酒中的單寧感。無論是選擇什麼樣的菜餚，你都能夠修正料理來達到與單寧重的紅酒形成平衡感。你只需要在上菜時加入些許橄欖油。加了橄欖油調味的肉乾比沒有調味的更容易搭餐。在象限圖上，我們可以記錄加橄欖油的肉乾油膩為4/5，肉汁為2/5。有酸度且單寧不明顯的葡萄酒應該會很適合，我們可以把它的酸度歸類到座標軸的4/5，單寧感是2/5。你有想到什麼樣的酒擁有這類性格嗎？薄酒萊的加美和羅亞爾河谷地的卡本內弗朗產的酒都很適合。

❸ 注意不要只加入一丁點檸檬汁（請見課程6）。

練習3

❶ 肉（牛排）越多汁，越適

合單寧重的葡萄酒。一分熟的牛排適合搭配非常有單寧味的葡萄酒（像是西南產區的酒），三分熟的牛排適合搭配中等單寧味的葡萄酒（像波爾多或是隆河的酒），七分熟的牛排適合較少單寧的葡萄酒（例如老年份的波爾多或是隆河的酒）。

❷ 若你加了醬汁，它會與有單寧感的酒做平衡。喜歡有熟度的牛排的人，如果加了海量伯那西醬汁，則會因為醬汁的影響而較適合搭配有單寧的葡萄酒。

小竅門：若你是生牛肉的愛好者，塔塔牛肉正好能滿足你。這樣的話，一瓶輕盈鮮美的紅酒會很討喜。請試試羅亞爾河的卡本內弗朗或薄酒萊的加美。

練習4

❶ 白肉雞是一種有中等油脂感的乾肉（烹調時的奶油影響），它的油脂感可以標記為3/5，肉汁可以標為1/5。葡萄酒應該會略微酸（3/5），帶有微量單寧感（最多1/5），這就是……白肉啊！

❷ 請見練習3之❷。這個練習顯示了，一般白肉雞烹煮的方式或是任何白肉料理的處理，都沒辦法與擁有厚重單寧的葡萄酒和諧地餐搭。不過，如果料理加入大量滑順的醬汁時，餐搭會顯得更美好。

❸ 低溫烹調的方式能降低肉汁的乾澀感。這樣能保留肉汁，並與單寧重的紅酒搭配。每次都一定要強調烹煮的方式，才能搭出成功的餐搭。雞肉以低溫烹調出來的口感，不同於同樣部位以乾煎方式處理（較乾）或燒烤的方式（較苦）。小竅門：如果你想要開瓶紅酒，最好準備單寧較少的葡萄酒，例如阿爾薩斯的黑皮諾、羅亞爾河的卡本內或薄酒萊的酒。

解答

課程10

練習1

❶ 三種紅酒（波爾多、隆格多克、西南產區的酒）都適合搭配湯品。因為這些酒中的單寧能夠平衡料理的汁／湯汁。

象限圖：番茄湯（2,5）、波爾多紅酒（3,4）

❷ 若湯品是搭配白酒，應該在餐點的一開始就上，在開胃菜、第一道菜之前。以品飲的角度來說，餐搭適合使用紅酒，紅酒中的單寧能夠與湯品的湯汁達到平衡。

練習2

普羅旺斯燉菜和富有單寧和酒精感的紅酒相當匹配（例如隆河谷地、隆格多克丘、邦斗爾），它們能夠平衡料理的菜汁帶出提味的效果。這也就是在地菜搭在地酒的觀念。

象限圖：燉菜（3,5）、隆格多克紅酒（3,5）。

練習3

❶ 煮熟的蛋黃在口中呈現糕狀，甚至泥狀，與有酸度、少單寧的紅酒相當搭配。若蛋黃與涼的乳霜狀醬料混合，像是美乃滋，則更為匹配。鹹派的料理與相同特色的紅酒也很搭。要如何讓餐搭更加美味呢？那就加入些許橄欖油吧。法國北邊的洛林鄉村鹹派與同樣是北部的酒很搭（漂亮的酸度和少量單寧）。沙拉較不適合搭配紅酒，但也需要注意醬料。無論何種搭法，在吃了油醋醬後都需要吃口麵包或喝杯水來清理口中的味蕾。

象限圖：美乃滋（4,2）、希儂紅酒（4,2）

❷ 若蛋料理或鹹派是搭配白酒的話，它們應該依照特性在一開始就上桌，在開胃菜之前。哪種搭法都是取決於你的口味。

練習4

❶ 豆類擁有豐富的澱粉與纖維，澱粉讓菜餚的味道更加柔和，請別與甜點中的糖份混淆。柔和的口感能輕鬆平衡酒裡的酸度。若你有準備調味料——一般人很少吃只汆燙、什麼都不加的扁豆，一點奶油或橄欖油可以為料理帶來些許油脂的溫潤感，它能夠平衡酒裡的單寧感和酸度。紅酒應該選擇較少單寧的。

象限圖：油煎馬鈴薯（4,2）、薄酒萊（4,2）

❷ 在這個例子裡，需要特別選擇紅酒來漂亮搭配三分熟的肉料理，這是當然的。

練習5

❶ 穩定乳化的醬料，不管是熱的或冷的，都擁有至少50%的脂類，也就是脂肪。它們與帶有酸度的白酒非常搭配。有個訣竅就是，我們很少只單吃醬汁（請見練習4之❷）。搭配紅肉的葡萄酒，就屬紅酒了。

❷ 葡萄酒做的醬汁比一般調味料更適合搭配紅酒，雖然說我們很少只以醬汁來做餐搭，都是餐點、醬汁、葡萄酒這樣。整體性應該是均衡且協調的。

練習6

❶ 牛肉搭紅酒會很融合。碳烤BBQ牛很適合搭配Saint-Esthèphe的酒；有搭醬汁的話，就選南法的酒（例如邦斗爾）。其他例子？較有礦物感和酸度的的酒（來自羅亞爾河、阿爾薩斯、布根地或薄酒萊）比較適合搭配Choron醬汁料理的肉。有胡椒調味的菜餚可以為波爾多或卡歐葡萄酒加分；番茄醬料則適合單寧重的紅酒（隆格多克丘、普羅旺斯的酒）。羅勃醬與布根地或薄酒萊的酒會是像佳節般的搭配。

象限圖：牛里肌肉與Choron醬（4,4）、Marange的酒（4,3）。

❷ 這是很重要的一點，因為我們太常忘記提到醬料。基本的蛋白質（魚、肉）和膠原蛋白的味道，都會依據吸收的醬汁或是單吃而有所變。

練習7

❶ 不同於紅肉，白肉通常都是全熟處理，頂多帶一點點生。至於紅酒的選擇，則可以特別挑選較少單寧且細緻型的紅酒。

象限圖：烤小牛佐馬德拉醬（4,3）、薄酒萊（4,3）。

❷ 請不要評論口味的喜好，重要的是你能夠解釋它們。

練習8

❶ 野味應該全熟處理，它們適合單寧感低的紅酒，這也就是為什麼我常常推薦陳年紅酒。在瓶中陳年與氧化會軟化酒裡的單寧。這也算是一種審美觀，野味屬於季節性、稀少性、昂貴的東西，它們是為了開一瓶年份老酒而準備的。

象限圖：軟嫩的小鹿肉（3,3）、布根地紅酒（4,3）。

❷ 單寧會使口中感到乾澀，若是搭配沾了醬汁的肉，單寧重的紅酒會很適合。

練習9

❶ 若是那些可以吃五分熟的野味（鴿子肉），單寧重的紅酒就很適合。如果不是，我們也可以優先選擇單寧感較低或是年份老酒（請見練習8）。在瓶中陳年與氧化會軟化酒裡的單寧。

象限圖：野兔背肉佐醬料（4,4）、聖朱利安的紅酒（3,3）。

❷ 請見練習8之❷。

練習10

❶ 小牛胸腺的料理，像是佐芥末的，可以搭配酸度較高單寧較低的紅酒：羅亞爾河的卡本內弗朗或薄酒萊的加美，或是陳年的紅酒（那種單寧已經柔化的）。結束紅酒課程之後請再做一次這個練習。

象限圖：小牛胸腺佐芥末（5,2）、陳年的貝傑哈克紅酒（3,3）。

❷ 這都是口味的喜好，但酒裡的單寧會有加成的作用，即便它是柔化過的（老酒或法國北邊的酒）。請與白酒來做比較。

練習11

❶ 醃製肉品是極具油脂的料理。在本章節裡，答案應該是肯定的：具有酸度且單寧感低的紅酒，例如羅亞爾河的卡本內弗朗或薄酒萊的加美，也可以是老酒（那種單寧已經柔化的）。

象限圖：拜雍（bayonne）生火腿（5,0）、薄酒萊紅酒（5,1）。

❷ 再一次，這是口味喜好的問題。「De gustibus, non est disputandum」（拉丁語格言：在品味上沒有爭議）。若醃製肉品沒有經過煙燻，我會偏好過橡木桶的紅酒。

練習12

❶ 若料理是以醬汁燜煮的方式料理，則非常適合搭配單寧感重、稍微年輕的紅酒。酒中的單寧會讓口中感到乾澀，這樣的搭配剛好與悶燒過的醬汁形成對比。

象限圖：紅酒燉牛肉（3,6）、吉恭達斯紅酒（3,5）。

❷ 調味料會調整口中的尾韻，重點在於仔細確認所有味道是否都和諧。餐搭的神奇原則都寫在本章節了，這幾乎就是所謂一手交錢一手交貨的餐搭：每個部分的總和就是全部。

練習13

❶ 麵條是煮熟的澱粉，它跟白酒可以很好的搭配。若是有番茄肉醬，請試試看有少量單寧的紅酒，像是布戈憶（羅亞爾河谷地的卡本內弗朗）。哪樣是好的搭法呢？你喜歡的那種。

象限圖：番茄肉醬義大利麵（4,3）、布戈憶（4,2）

❷ 再一次的，你自己的感覺才是最好的選擇。

練習14

❶ 義大利侍酒師偏好以簡單

的啤酒搭配披薩，這也是我個人喜歡的搭法。若你偏好紅酒，那要選擇單寧低的。漢堡的餐搭是有難度的，根據所使用的醬料、其他配料和肉的熟度，請試試帶酸度、低單寧的紅酒（七分熟的肉和濃稠醬料），或是單寧重的紅酒（三分熟的肉配上細緻提味的醬汁）。薯條總是與啤酒或有酸度的酒匹配。壽司則非常不適合搭紅酒。

❷ 黑皮諾能展現百搭的能力，若預算允許，布根地的黑皮諾幾乎不會讓你出錯。

❸ 再一次，你的感覺才是最好的選擇。

練習15

❶ 和❷ 煙燻的食材適合搭配過橡木桶的紅酒。這裡有個遮蔽效應，某一邊的煙燻味會抹掉另一邊的煙燻味，酒會感覺較少煙燻味，較多水果風味。試試看煙燻鮭魚搭配邦斗爾或Margaux：餐搭會很神奇。

象限圖：煙燻鮭魚（5,3）、Margaux（4,4）。

❷ 詳細的粉紅酒請見課程13。

練習16

❶ 帕瑪森起司是濃縮的穀氨酸，與紅酒的搭配非常適合。以我的經驗，所有的酒與帕瑪森起司（建議12或36個月）都很搭。

❷ 另一個小秘訣，就是在菜餚與葡萄酒之間，以麵包或水充分清理口腔。這麼一來，紅酒與起司就會顯得順口（這裡為了「配合」有稍微作弊）。

練習17

❶ 作者覺得巧克力不應該與一杯單調的常溫水搭配。因此，他提出了與有單寧感的紅酒來做餐搭。請見課程7的練習2，關於隱蔽效應的部分。

象限圖：巧克力慕斯（5,4）、吉恭達斯紅酒（3,5）。

❷ 甜紅酒是餐酒中最適合

巧克力料理的，唯一的小問題就是嘴裡有太多美妙的滋味。但這真的是問題嗎？

練習18

綜述是一個把資訊和經驗值結合很好的練習。請毫不遲疑的開始，專注在餐搭的質而不是你聽信的（例如，試試看白酒配紅肉，或倒過來試）。別忘了，唯一重要的是你自己的喜好。亦或是，去了解為什麼這樣的搭配你會喜歡，為什麼那樣的搭配你不喜歡，都能讓你在備料時依照你要搭配的酒來做調整，或選擇更適合的酒來搭配你喜歡的料理。

課程11

練習1

葡萄酒在5-6℃的溫度下（剛拿出冰箱）會顯得較不甜。最甜的葡萄酒是室溫下21-22℃的白酒（就好比可樂，如果它是熱的，糖份的感受就會更多）。最後，8-10℃的白酒則是介於兩者之間。請注意，低於5℃的話，味蕾會因為低溫而麻木，甜味和酸味的感受，就像對其他的味道一樣，都會減少。

酸度／酒精+糖份座標軸：5-6℃的酒（5,2）；9-10℃的酒（3,3）；21-22℃的酒（1,5）。

練習2

藍紋起司與甜酒是非常美味的搭配。若起司的口感非常複雜，我們可以選購那些大酒莊的酒來做高級的餐搭：老年份的貴腐酒、頂級的麗思玲貴腐酒或義大利的moscato passito di Pantelleria。

練習3

❶ 單吃鵝肝適合搭配簡單的甜酒，像是波爾多甜白酒。若是有搭配白麵包，則可以試試稍微複雜一點的級數酒，像是pacherenc-du-vic-bihl。最後，搭配布里歐奶油麵包的話，則可以找一些

有酸度的，像是侏羅丘的麥稈酒。

❷ 加入胡椒的鵝肝與單寧重的紅酒搭配，就是……找死！

練習4

甜酒與白肉料理相當搭配，而且能夠和油醋沙拉一起吃。依照甜酒的風味，梧雷的酒上烤肉單吃，居宏頌的酒可以搭配烤肉與馬鈴薯，索甸則可以搭配任何烤肉、馬鈴薯和調味過的沙拉。

練習5

含甜味的菜餚若沒有與甜酒搭配會顯得不平衡。試試糖粉可麗餅配干型白酒，酒會感到酸味、嗆鼻、難以下嚥。我個人認為這完全取決於自己的喜好，我喜歡玩對比的形式：原味可麗餅（最不甜的）搭配最甜的甜酒（索甸），糖粉可麗餅搭配嚴選的貴腐酒（含有漂亮的酸度），澄清火焰煎餅搭配居宏頌的酒。一如往常，你的喜好才是最好的選擇。

練習6

所有提到的點心都適合這三種葡萄酒。技巧在於選擇有漂亮酸度、糖份稍少的甜酒。由於巴黎—布列斯特泡芙、聖多諾黑、千層派與閃電泡芙都含有各種滿滿的鮮奶油，請著重在尾韻的搭配，所有味道的混合，這就是神奇的餐搭之鑰。

練習7

❶ 水果塔有很漂亮的酸度，很適合搭配甜酒，尤其是Graves-supérieures、萊昂丘或阿爾薩斯的灰皮諾。

❷ 若是沒這麼甜的派塔，葡萄酒就可以選擇較重的（複雜度、糖份）。

練習8

克拉芙緹櫻桃布丁蛋糕和蛋白霜適合搭配很多不同的甜酒。常溫蛋糕則適合有較高酸度的葡萄酒，像是我們提過的：居宏頌、侏羅丘的麥

稈甜酒或蜜思卡得的選摘貴腐酒。

練習9

低溫的冰淇淋做餐搭十分不容易，其中橙柚類的雪酪更是最難的。霜淇淋因富含油脂的結構，是最好做餐搭的。我們可以往較不複雜的葡萄酒的方向挑選，像是Loupiac、Cadillac、Sainte-croix-du-mont或是貝傑哈克與蒙巴齊拉克。作者則喜歡冰凍伏特加配霜淇淋（但他不承認自己是酒鬼）。

練習10

與菜餚搭餐的問題，甜紅酒適合與餐後甜點和餐後巧克力搭配，有些人也會以磚塊巧克力佐這類型的葡萄酒，或直接單喝。總之，有些人喜歡以雪茄來結束一杯Banyuls、Rivesaltes、Maury或波特酒。

巧克力料裡可以搭配單寧感重的紅酒（不甜的），請見有關紅酒的章節（詳見課程10練習7）。

課程12

練習1

氣泡酒在5-6℃的溫度下（剛拿出冰箱）會感覺較酸。而在室溫下的21-22℃，則嘗起來較不酸且較甜（就好比可樂，如果它是熱的，糖份的感受就會更多）。最後，氣泡酒在8-10℃品飲，則是介於兩者之間。注意：5℃以下味蕾會因為冷而麻木，對酸度的感受會像對其他的成分一樣減少。

酸度+氣泡感／酒精+糖份座標軸：5-6℃的氣泡（5,6）；9-10℃的氣泡（3,3）；21-22℃的氣泡（2,5）。

練習2

氣泡酒很常成為小鹹點的最佳餐搭，若你不喜歡氣泡酒，改成干型白酒也可以，「在品味上沒有爭議」。

175

解 答

練習3

薩拉米生火腿（沒煙燻的）或其他肉凍都很適合搭配氣泡酒。菜鱈的油脂能和酒中的氣泡與酸度中和，而肉裡所含的些許甜味能與酒的少量殘糖做很好的搭配（以Brut的氣泡酒而言，一公升的酒含有6克的殘糖，也就是一瓶約有6克、一杯約有1克的糖！）。

練習4

我個人很喜歡氣泡酒搭配有醬汁的海水魚料理（荷蘭醬、穆斯林奶油醬、伯那西醬）。酒裡的酸度和氣泡感，與濃稠醬汁調味的魚肉料理可以完美的達到平衡。

練習5

甲殼類，像是龍蝦佐醬料，很適合搭配氣泡酒，但也適合干型白酒。完全取決於個人喜好。

練習6

我們太常忘記氣泡酒搭配起司盤、起司鍋還有起司燒。這種搭法非常適合（起司中的油脂能與酒裡的氣泡和酸度中和）。

練習7

❶ 飯後甜點與氣泡酒的搭配，應該選擇有微量殘糖的氣泡酒，像是Extra-dry或是Sec類型的。
❷「在品味上沒有爭議」。

練習8

鵝肝與氣泡酒的搭配需要氣泡酒中含有一些殘糖，像是Extra-dry或Sec類型的。Brut等級的氣泡酒在鵝肝面前容易會有顯得過瘦的風險缺失。

課程13

練習1

如果你有一瓶無殘糖的粉紅酒，這個練習和白酒的習題相似。如果瓶中的殘糖量高，這個練習與甜酒的習題相似。

酸度／酒精＋糖份座標軸：5-6℃的粉紅酒（5,2）；9-10℃的粉紅酒（3,3）；21-22℃的粉紅酒（2,5）。

練習2

這個練習主要是想告訴你，以品飲而言，白酒和干型粉紅酒的差異極小，可以把粉紅酒視為白酒。

練習3

有殘糖的粉紅酒，搭配重口味、辣味的料理也是選項之一。

練習4

粉紅酒與北海的灰蝦相當搭，除了顏色搭配不同之外，它就像白酒一樣。

課程14

練習1

當啤酒在5-6℃時（剛從冰箱拿出），嘗起來比較不甜。不過，它也會比較苦、比較酸，這個感覺會因為氣泡感而加強。在室溫下（21-22℃）品飲的啤酒會讓人感到較多酒精及較甜。注意：低於5℃時，味蕾會因為冷而變麻木，對苦味、酸味和甜味的感受，如同對其他味道，都會減少。

練習2

為了有個全面性啤酒搭起司的看法，請與本章節的圖表做對照。建議：Brie de meaux搭配三倍啤酒；香檳啤酒搭配Comté或Beaufort；IPA搭配Gouda或Mimolette。

練習3

棕色啤酒，尤其是雙倍啤酒或黑啤酒（司陶特啤酒，特別是皇家司陶特）配上藍紋起司都有不可思議的融洽感。

練習4

巧克力甜點與司陶特啤酒、皇家司徒特或雙倍啤酒（棕色啤酒）的搭配很不錯。千層派和閃電泡芙則與微甜的季節啤酒搭。常溫蛋糕或甜派跟香檳啤酒結合成完美餐搭。餐後甜點與糕點的部分需要避免IPA和乾澀感的啤酒。

練習5

棕色啤酒——尤其是雙倍啤酒和黑啤酒（司陶特啤酒和皇家司陶特）——與巧克力類的點心有完美的搭配。例如侯旭弗十號（Trappistes Rochefort 10）和西弗萊特倫12（Westvleteren 12）。

練習6

季節啤酒與香檳啤酒跟水果塔可以有美妙的搭配。搭配三倍啤酒是剛剛好，棕色啤酒／黑啤酒則要避免。

課程15

練習1

蒸餾烈酒在5-6℃（剛從冰箱拿出）時品飲，酒精感會較少。蒸餾烈酒在室溫下（21-22℃）時，酒精感跟甜味會比較多。注意：5℃以下味蕾會因為冷而變得麻木，對酒精感會跟對其他味道一樣降低。

練習2

相煎鵝肝與雅邑或干邑有著很好的搭配。冰涼的棉布鵝肝搭配伏特加則很融洽。

練習3

試試看琥珀色烈酒與重鹹口味的醃肉製品（如臘肉）。

練習4

泥煤威士忌和無色伏特加搭配海鮮料理簡直無與倫比。

練習5

泥煤威士忌和無色伏特加搭配蝦蟹貝類簡直無與倫比。

練習6

威士忌和某些蘭姆酒與藍紋起司很搭。干邑與雅邑可以與熟成起司（Comté extra vieux、Parmesan），無色蒸餾酒（渣釀白蘭地、伏特加）可以搭配半硬質或硬質起司。琴酒應該找含香料的起司搭配（例如羊起司）。

練習7

最容易與巧克力類的餐後甜點和甜食做搭配的，是以下這些烈酒：干邑、雅邑、威士忌（尤其調和威士忌）和某些蘭姆酒。

練習8

巧克力類點心的話，請優先挑選泥煤威士忌、蘭姆酒、某些陳年干邑和雅邑。甜點類的話，請特別挑選干邑、雅邑和某些蘭姆酒。派塔類的話，請試法式渣釀白蘭地。如果是果干及餅乾類，請試試無色伏特加。糖漬香料果醬的話，請試試琴酒。

辛苦了！

別忘了：方法只有一個，就是品飲。
有任何問題嗎？
fabrizio@interwd.be